国家职业资格培训教程
国家基本职业培训包教材资源

焊 工

(气焊工)(初级 中级 高级)

国家职业资格培训教程编审委员会

主　任　吴礼舵　张　斌
副主任　刘文彬　葛　玮
委　员　葛恒双　赵　欢　王小兵　张灵芝　刘永澎
　　　　吕红文　张晓燕　贾成千　高　文　瞿伟洁

中国人力资源和社会保障出版集团

中国劳动社会保障出版社　中国人事出版社

图书在版编目（CIP）数据

焊工.气焊工：初级　中级　高级/中国就业培训技术指导中心组织编写.-- 北京：中国劳动社会保障出版社：中国人事出版社，2021

国家职业资格培训教程

ISBN 978-7-5167-4912-8

Ⅰ.①焊… Ⅱ.①中… Ⅲ.①气焊-技术培训-教材 Ⅳ.①TG4

中国版本图书馆 CIP 数据核字（2021）第 115127 号

中国劳动社会保障出版社
中国人事出版社　出版发行

（北京市惠新东街 1 号　邮政编码：100029）

*

北京市白帆印务有限公司印刷装订　　新华书店经销

787 毫米 ×1092 毫米　16 开本　12.75 印张　201 千字
2021 年 8 月第 1 版　2021 年 8 月第 1 次印刷
定价：39.00 元

读者服务部电话：（010）64929211/84209101/64921644
营销中心电话：（010）64962347
出版社网址：http://www.class.com.cn

版权专有　　侵权必究

如有印装差错，请与本社联系调换：（010）81211666
我社将与版权执法机关配合，大力打击盗印、销售和使用盗版图书活动，敬请广大读者协助举报，经查实将给予举报者奖励。
举报电话：（010）64954652

国家职业资格培训教程·焊工
编审委员会

主　任： 李连胜

副主任： 杨玉亭　龙伟民　刘长城　樊险峰　陈树君　刘　申
　　　　　王鲁君　李　东　侯云昌　柳　铮　张宁红　袁兆富

委　员： 徐　锴　吴九澎　金李梅　朱志明　曲文卿　李宪政
　　　　　李　桓　杨春利　何　鹏　吕晓春　李宜男　钟素娟
　　　　　薛小怀　尹立孟　李海超　陈玉华　张秀珊　杨庆轩
　　　　　林　尧　崔晓东　欧阳黎健　侯润石　黄瑞生　王永东
　　　　　戴建树　方乃文

本书编审人员

主　编： 方乃文

副主编： 马青军　王智新

编　者： 秦　建　杨义成　罗光奇　许立宝　郑桂红
　　　　　侯怀宇　裘荣鹏　史晓萍　余丁坤　戴　红

主　审： 李连胜

副主审： 尹立孟　陈玉华

前　言

为加快建立劳动者终身职业技能培训制度，全面推行职业技能等级制度，推进技能人才评价制度改革，促进国家基本职业培训包制度与职业技能等级认定制度的有效衔接，进一步规范培训管理，提高培训质量，中国就业培训技术指导中心组织有关专家在《焊工国家职业技能标准（2018年版）》（以下简称《标准》）制定工作基础上，编写了焊工国家职业资格培训教程（以下简称资格教程）。

焊工资格教程紧贴《标准》要求编写，内容上突出职业能力优先的编写原则，结构上按照职业功能模块分级别编写。该资格教程共包括《焊工（基础知识）》《焊工（电焊工）（初级）》《焊工（电焊工）（中级　高级）》《焊工（电焊工）（技师　高级技师）》《焊工（气焊工）（初级　中级　高级）》《焊工（钎焊工）（初级　中级）》《焊工（钎焊工）（高级　技师）》《焊工（焊接设备操作工）（自动焊）（初级　中级）》《焊工（焊接设备操作工）（自动焊）（高级　技师）》《焊工（焊接设备操作工）（机器人焊接）（初级　中级　高级）》《焊工（焊接设备操作工）（机器人焊接）（技师　高级技师）》11本。《焊工（基础知识）》是各级别焊工均需掌握的基础知识，其他各级别教程内容分别包括各级别焊工应掌握的理论知识和操作技能。

本书是焊工国家职业资格教程中的一本，是焊工职业资格培训推荐教材，已纳入国家基本职业培训包教材资源，适用于焊工职业资格培训和各类职业技能培训。

本书在编写过程中得到中国焊接协会、哈尔滨焊接研究院有限公司、杭州华光焊接新材料股份有限公司、天津市特种设备监督检验技术研究院、机械工业火焰切割机械产品质量监督检测中心、重庆科技学院、郑州机械研究所有限公司、新型钎焊材料与技术国家重点实验室、南昌航空大学、珠海格力集团有限公司、中国石油天然气集团有限公司辽阳石化分公司、哈尔滨现代焊接技术有限公司、天津市金桥焊材集团有限公司、辽宁装备制造职业技术学院、山东交通学院、青岛君轩盛贸易有限公司等单位的大力支持与协助，在此一并表示衷心感谢。

中国就业培训技术指导中心

目 录 CONTENTS

第一篇 初 级 工

职业模块一　气焊基础知识 1

职业模块二　低碳钢或低合金钢板角接接头气焊 35
 培训项目一　焊前准备 37
  培训单元1　工件及焊丝的清理 37
  培训单元2　气焊用气体、焊炬、焊丝及焊剂的选用 40
  培训单元3　角接接头气焊的反变形量控制 45
 培训项目二　焊接操作 51
  培训单元1　角接接头气焊的焊接工艺参数及定位焊要求 51
  培训单元2　角接接头气焊的操作方法 54
 培训项目三　焊后检查 62
  培训单元1　角接接头表面清理方法 62
  培训单元2　角接接头表面缺欠及外观质量自检 63

职业模块三　低碳钢或低合金钢板对接平焊气焊 73
 培训项目一　焊前准备 75
  培训单元　对接平焊气焊反变形量的控制 75
 培训项目二　焊接操作 78
  培训单元1　对接平焊气焊参数的选用 78
  培训单元2　对接平焊气焊操作要领 79
 培训项目三　焊后检查 84

职业模块四　低碳钢或低合金钢板T形接头气焊 87
 培训项目一　焊前准备 89

  培训单元　T形接头气焊反变形量的控制…………………………………… 89
 培训项目二　焊接操作……………………………………………………………… 91
  培训单元1　T形接头气焊参数的选用…………………………………………… 91
  培训单元2　T形接头气焊操作要领……………………………………………… 92
 培训项目三　焊后检查……………………………………………………………… 95

第二篇　中　级　工

职业模块一　铝及铝合金板气焊 …………………………………………………… 99
 培训项目一　焊前准备……………………………………………………………… 101
  培训单元1　铝及铝合金板气焊工件及焊丝的清理……………………………… 101
  培训单元2　铝及铝合金板气焊试件的组对……………………………………… 103
  培训单元3　铝及铝合金板气焊用气体、焊炬、焊丝及焊剂选用……………… 107
 培训项目二　焊接操作……………………………………………………………… 112
  培训单元1　铝及铝合金板气焊的焊接工艺要求………………………………… 112
  培训单元2　铝及铝合金板气焊的操作方法……………………………………… 119
 培训项目三　焊后检查……………………………………………………………… 127
  培训单元1　铝及铝合金板气焊接头表面清理…………………………………… 127
  培训单元2　铝及铝合金板气焊接头表面缺欠及外观质量自检………………… 128

职业模块二　低碳钢管对接水平转动气焊 ………………………………………… 131
 培训项目一　焊前准备……………………………………………………………… 133
  培训单元1　低碳钢管对接水平转动气焊坡口制备及焊接接头间隙选择 …… 133
  培训单元2　低碳钢管对接水平转动气焊试件的组对…………………………… 135
 培训项目二　焊接操作……………………………………………………………… 139
  培训单元1　低碳钢管对接水平转动气焊的焊接工艺要点……………………… 139
  培训单元2　低碳钢管对接水平转动气焊的操作方法…………………………… 140
 培训项目三　焊后检查……………………………………………………………… 144

职业模块三　低合金钢管对接垂直固定气焊 ……………………………………… 147
 培训项目一　焊前准备……………………………………………………………… 149

培训单元1　低合金钢管对接垂直固定气焊坡口制备及焊接接头

　　　　　　　间隙选择 …………………………………………………………… 149

　　培训单元2　低合金钢管对接垂直固定气焊试件的组对 …………………… 150

培训项目二　焊接操作 ……………………………………………………………… 152

　　培训单元1　低合金钢管对接垂直固定气焊的焊接工艺要求 ……………… 152

　　培训单元2　低合金钢管垂直固定气焊的操作方法 ………………………… 153

培训项目三　焊后检查 ……………………………………………………………… 160

第三篇　高　级　工

职业模块一　低合金钢管垂直固定气焊 …………………………………………… 163

培训项目一　焊前准备 ……………………………………………………………… 165

　　培训单元1　低合金钢管垂直固定气焊焊丝的选用 ………………………… 165

　　培训单元2　低合金钢管垂直固定气焊接头形式 …………………………… 168

培训项目二　焊接操作 ……………………………………………………………… 170

培训项目三　焊后检查 ……………………………………………………………… 173

职业模块二　低合金钢管对接水平固定气焊 ……………………………………… 177

职业模块三　低合金钢管对接45°固定气焊 ……………………………………… 185

第一篇 初级工

职业模块 一
气焊基础知识

1. 掌握气焊原理。
2. 掌握气焊用气体性质。
3. 掌握相关设备的原理及使用方法。
4. 掌握焊接培训用夹具的使用方法。
5. 掌握气焊场地、设备、工具、夹具的安全检查相关要求。
6. 掌握气焊工安全注意事项。
7. 掌握基础的焊接术语。
8. 掌握焊接试件位置代号。

一、气焊原理

气焊（oxygen fuel gas welding，简称 OFW）是将可燃气体与助燃气体通过焊炬按一定的比例混合，获得所需要性质的火焰作为热源，熔化被焊工件和焊接材料使之达到原子间结合的一种焊接方法，如图 1-1 所示。气焊主要用于焊接薄钢板、有色金属、铸铁缺欠的补焊、堆焊硬质合金及零部件磨损后的补焊等。气焊的助燃气体主要采用氧气，可燃气体主要采用乙炔、氢气、煤气、液化石油气等，其中最常用的是乙炔。乙炔燃烧的热值高，加热速度快，焊接时火焰对金属的影响最小，火焰温度高达 3 100 ~ 3 300 ℃。很多时候气焊也被称为氧－乙炔焊。

气焊的优点有：①设备简单、成本低、使用灵活；②通用性强，对铸铁及某些有色金属的焊接有较好的适应性；③由于无需电源，因而在无电源场合和野外工作时有实用性。气焊的缺点有：①生产效率较低，气焊火焰温度低，加热速度慢；②焊接后工件变形和热影响区较大，加热区域宽；③焊接过程中，熔化金属受到的保护差，焊接质量不易保证；④较难实现自动化。

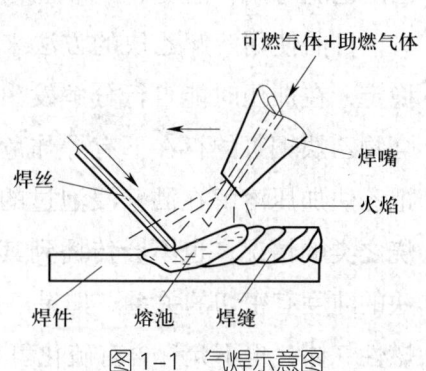

图 1-1 气焊示意图

二、气焊用气体

1. 氧气

氧气（oxygen），分子式 O_2，是一种无色、无味、无毒气体，其熔点 –218.4 ℃，沸点 –183 ℃，不易溶于水，1 L 水中溶解约 30 mL 氧气。在空气中，氧气约占 21%。液氧为天蓝色，固氧为蓝色晶体。氧气的氧化能力随着压力的增大和温度的升高而增加，因此，当工业中常用的高压氧气与油脂等易燃物质相接触时，就会发生剧烈的氧化反应而使易燃物自行燃烧，甚至发生爆炸。在焊接过程中使用氧气时，切不可使氧气瓶瓶阀、氧气减压器、焊炬、氧气橡胶软管等沾染油脂。根据 GB/T 3863—2008《工业氧》，工业用氧气按照体积分数可分为两个等级，分别是不低于 99.5% 与 99.2%，并且要求气体中不能含有游离水。

2. 乙炔

乙炔，分子式 C_2H_2，俗称风煤和电石气，是炔烃化合物系列中体积最小的一员。在常温和标准大气压下，乙炔是一种无色而带有特殊臭味的碳氢化合物。乙炔的密度是 1.17 kg/m³，比空气轻。乙炔是可燃性气体，它与空气混合燃烧时所产生的火焰温度为 2 350 ℃，而与氧气混合燃烧时温度可达 3 100 ~ 3 300 ℃。

乙炔是一种具有爆炸性的危险气体。当压力达到 0.15 MPa、温度达到 580 ~ 600 ℃ 时就会发生爆炸。压力越高，乙炔爆炸所需温度越低；温度越高，乙炔爆炸所需压力越低。当乙炔与空气或氧气混合时，混合气体也具有爆炸性。乙炔与空气混合比例在 2.2% ~ 81% 时，或与氧气混合比例在 2.8% ~ 93% 时，只要碰到明火就会产生爆炸，因此，使用时要特别注意安全。

乙炔与铜、银长期接触也会产生具有爆炸性的物质，即生成乙炔铜、乙炔银。因此，凡是与乙炔接触的物质均不允许用含铜或银量大于 70% 的合金制造。另外乙炔也能与氟、氯发生爆炸性反应，所以乙炔燃烧时，不能使用四氯化碳来灭火。

目前使用溶解乙炔的方法来实现乙炔气体的安全储存和运输。因为乙炔很不稳定，在加压时能自行分解发出大量热，或在催化物质（与铜反应生成爆炸性化合物乙炔铜）的存在下有爆炸危险，另外其与空气混合有很宽的爆炸范围。然而把乙炔加压溶解在酒精浸泡过的多孔性物质中则非常安全，即使有一部分发生燃烧之类的情况，也不会传播到其他部分，整体仍然安全。但是，这种安全性与乙炔的纯度有密切的关系。如果乙炔的纯度大于 98.0%，则不允许含有 2% 以上的助燃性气体，也不允许含有硫化氢和磷化氢。

3. 液化石油气

液化石油气是由天然气或者石油进行加压、降温液化所得到的一种无色挥发性液体。它极易发生自燃，当其在空气中的含量达到一定的浓度后，遇到明火就能爆炸。

液化石油气主要组成为丙烷、丙烯、丁烷、丁烯中的一种或者两种，而且其还掺杂着少量乙烷、乙烯、戊烷和微量的硫化物杂质。如果要对液化石油气进行进一步的纯化，可以使用醇胺吸收塔将其中的氧硫化碳进行吸收脱除，最后再用碱洗去多余的硫化物。气态的液化石油气，无色略带有臭味，在标准大气压下密度约为 1.8~2.5 kg/m³，比空气重，其在常温常压下为气态。压力为 0.8~1.5 MPa 时为液态，便于装入瓶中储存和运输。

液化石油气与氧气混合燃烧需氧量比乙炔大，因此只适用于焊接铝及铝合金、铅、黄铜等熔点较低的有色金属。

三、气焊设备及工具

气焊设备主要包括氧气瓶、乙炔瓶（如采用乙炔作为可燃气体）、减压器、焊炬、胶管等。由于所用储存气体的气瓶为压力容器且气体为易燃易爆气体，所以气焊危险性较高。气焊设备及连接形式如图 1-2 所示。

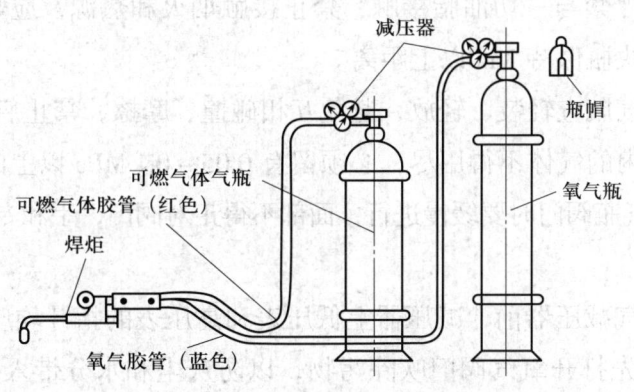

图 1-2 气焊设备及连接形式

1. 氧气瓶

氧气瓶是储存和运输氧气的高压容器。氧气瓶体一般为天蓝色，写有"氧"字样，它是由瓶体、瓶帽、瓶阀等组成，其示意图及实物图如图 1-3 所示。常用的氧气瓶容积有 10 L、15 L 和 40 L。容积为 40 L 的氧气瓶，当额定压力为 15 MPa 时，可储存 6 m³ 的氧气。

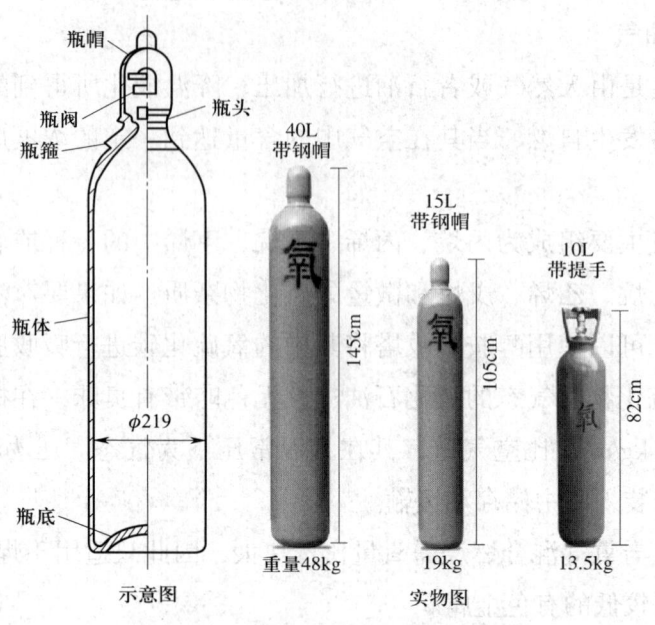

图 1-3　氧气瓶示意图及实物图

使用氧气瓶时要注意以下事项：

（1）氧气瓶的瓶帽、胶圈、瓶阀应齐全完好，且无漏气现象。

（2）氧气瓶放置应平稳牢靠，防止暴晒。冬季瓶阀冻结时，禁止火烤，应用热水解冻。

（3）氧气瓶严禁与一切油脂接触，禁止接触烟火和热源，应与明火保持 10 m 以上距离，与乙炔瓶保持 3 m 以上距离。

（4）搬运氧气瓶应轻装、轻放，避免互相碰撞、摩擦，禁止肩扛。

（5）氧气瓶内的气体不得用尽，必须留有 0.05～0.1 MPa 以上的余压。

（6）开放氧气瓶阀门时要缓慢进行，面部不得正对阀门，手和专用工具不得沾有油污。

（7）使用氧气减压器前，减压器上低压表和高压表的指针均应在"0"位。安装减压器时，应先打开氧气阀门吹除污物，以防灰尘和水分带入减压器。安装完毕应检查减压器是否畅通，有无漏气现象。

（8）氧气瓶与电焊一起使用时，如地面是钢板，气瓶下面应垫木版绝缘，以防氧气瓶带电。

2. 可燃气体气瓶

（1）乙炔瓶

乙炔瓶是储存和运输乙炔的容器，一般外表为白色，并写有"乙炔"字样，它是由瓶体、瓶帽、瓶阀、多孔性填料等组成，其示意图及实物图如图1-4所示。

乙炔瓶的工作压力为1.5 MPa，在瓶体内装有浸满酒精的多孔性填料，能使乙炔稳定而又安全地储存在乙炔瓶内。使用时，溶解在酒精内的乙炔就会分解出来，通过瓶阀流出，而酒精仍留在瓶内，以便溶解再次灌入的乙炔。瓶阀下面填料中心部分的长孔内放着石棉，起到了帮助乙炔从多孔性填料中分解出来的作用。通常乙炔瓶内的多孔性填料采用轻质而多孔的活性炭、木屑、浮石以及硅藻土等合制而成。

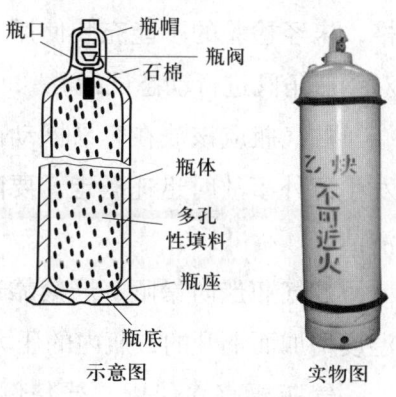

图1-4 乙炔瓶示意图及实物图

使用乙炔瓶时要注意以下事项：

1）乙炔瓶在使用中环境温度一般不得超过40 ℃，超过应采取降温措施，夏天露天作业时须防止暴晒。

2）乙炔瓶使用时应立放，勿横卧、倒置，禁止敲击、碰撞和滚动。

3）不得靠近热源和电气设备，与明火的距离一般不小于10 m。

4）乙炔瓶和氧气瓶的放置应保持一定距离，一般3 m以上为宜。

5）使用乙炔瓶必须装设专用的减压器和回火防止器并定时检查回火防止器是否可靠，开启乙炔瓶阀门时不得面对阀口。

6）瓶阀冻结时，严禁用明火烘烤，必要时可用40 ℃以下的温水解冻。

7）瓶内气体不得用尽，必须留有0.05~0.1 MPa压力的乙炔气，并将阀门关紧，防止泄漏。

（2）液化石油气瓶

液化石油气瓶是一种储存和运输液化石油气用的容器，其外表面为银灰色，并写有"液化石油气"字样。液化石油气的工作压力为1.57 MPa。气焊与气割作业中常使用20~30 kg装的钢瓶，其示意图及实物图如图1-5所示。

使用液化石油气瓶时要注意以下事项：

贮气瓶必须经技术监督部门检验合

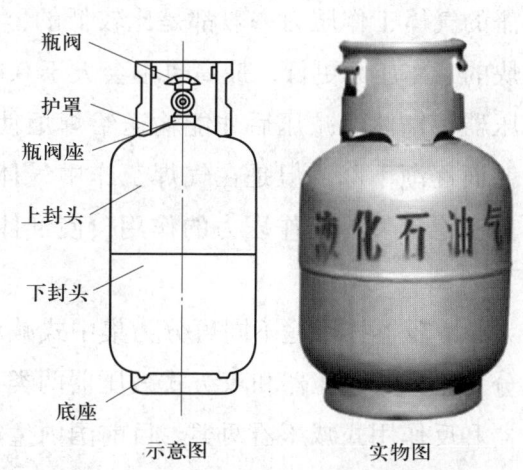

图1-5 液化石油气瓶示意图及实物图

格，未经检验的不能充装使用。换气时用户应对钢瓶进行安全检查并协助服务站对钢瓶角阀进行动态试漏。

贮气瓶应该放在容易搬动而又通风干燥、不容易受腐蚀的地方，以便换气或发生意外事故时迅速搬走。要防止潮湿空气的盐分、油类腐蚀钢瓶，保持钢瓶的清洁。

贮气瓶严防暴晒、严禁靠近明火或温度较高的地方。因为气瓶内的压力是随温度增加而上升的，瓶内的压力反常上升，会发生危险。

气瓶要直立使用，严禁倒置或卧置，因为气瓶上面装的调压器是对液化石油气的气体起作用的，如果气瓶倒置或卧置放置，就会流出液体，液体变为气体扩散与空气混合后，就会造成大面积的燃烧，甚至发生爆炸，所以是非常危险的。

无论是满瓶或空瓶都严禁摔、踢、滚和撞击气瓶，否则轻则损坏油漆，重则气瓶变形报废，甚至会使气瓶破损，发生火灾、爆炸事故。

不准用开水浇和火烤钢瓶去强行汽化。

严禁私自修理角阀和调压阀。

3. 减压器

减压器又称为压力调节器。由于气瓶内压力较高，而气焊所需的压力却较小，所以需要用减压器来把储存在气瓶内的较高压力的气体降为低压气体，并应保证所需的工作压力自始至终保持稳定状态。总之，减压器是将高压气体降为低压气体，并保持输出气体的压力和流量稳定不变的调节装置。如氧气瓶内的氧气压力最高可达 15 MPa，乙炔瓶内的乙炔压力最高可达 1.5 MPa，而气焊工作中所需的气体工作压力一般都是比较低的，氧气的工作压力要求为 0.1~0.4 MPa，乙炔的工作压力更低，最高也不会大于 0.15 MPa。因此，在气焊工作中必须使用减压器，气体经减压后才能输送给焊炬使用。气瓶内气体的压力易随着气体的消耗而逐渐下降，但是在气焊工作中气体工作压力必须是稳定不变的。减压器还具有稳定气体工作压力的作用，使气体工作压力不随气瓶内气体压力的下降而下降。

减压器按用途不同可分为集中式减压器和岗位式减压器两类，按构造不同可分为单级式减压器和双级式减压器两类，按工作原理不同又可分为正作用式减压器和反作用式减压器两类。目前国内生产的减压器主要是单级反作用式减压器和双级混合式减压器两类。常见的减压器主要技术参数见表 1-1。

表1-1 减压器的主要技术参数

减压器型号	QD-1	QD-2A	QD-3	DJ6	SJ7-10	QD-20	QW2-16/0.6
名称	单级氧气减压器				双级氧气减压器	单级乙炔减压器	单级丙烷减压器
进气口最高压力（MPa）	15					2.0	1.6
最高工作压力（MPa）	2.5	1.0	0.2	2.0	2.0	0.15	0.06
工作压力调节范围（MPa）	0.1~2.5	0.1~1.0	0.01~0.20	0.1~2.0	0.1~2.0	0.01~0.15	0.02~0.06
最大放气能力（m^3/h）	80	40	10	180	—	9	—
出气口孔径（mm）	6	5	3	—	5	4	—
压力表规格（MPa）	0~25 0~4	0~25 0~1.6	0~25 0~0.4	0~25 0~4		0~2.5 0~0.25	0~0.16 0~2.5
安全阀泄气压力（MPa）	2.9~3.9	1.15~1.6	—	2.2		0.18~0.24	0.07~0.12
进口连接螺纹	G15.875					夹环连接	G15.875
质量（kg）	4	2		3		2	
外形尺寸（mm×mm×mm）	200×200×210	165×170×160	170×200×142	220×170×220		170×185×135	165×190×160

（1）单级反、正作用式减压器

单级反、正作用式减压器的构造如图1-6所示。

单级反作用式减压器工作时，氧气从气瓶经入口进入高压室，高压表显示出瓶内气体压力。准备气焊或气割时，转动调节螺钉并压迫主弹簧，通过弹性薄膜、弹簧的压力作用到传动杆将活门顶开。当高压室内的气体经活门与活门座间的缝隙流入装有弹性薄膜的低压室时，由于其体积的膨胀而使压力降低，此时低压表显示出低压室内的气体压力。根据低压表读数转动调节螺钉，以调至合适的压力。气体经出口流出送往焊炬。随着气体的使用，低压室内的气体减少，压力降低，则气体对弹性薄膜的压力减小，传动杆对活门的作用力增加，使活门与活门座之间的缝隙增大，高压室内的气体便流入低压室，从而增大低压室的气体压力。当焊接时所需气体减少时，低压室内的气体压力就要升高，气体对弹性薄膜的压力

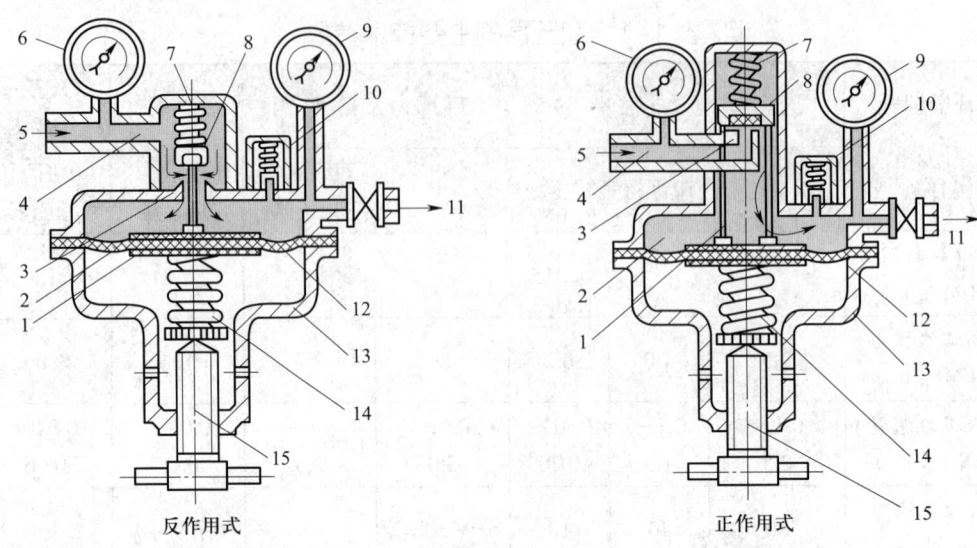

图1-6 单级式减压器

1—传动杆 2—低压室 3—活门座 4—高压室 5—气体入口 6—高压表 7—副弹簧 8—减压活门 9—低压表 10—安全阀 11—气体出口 12—弹性薄膜 13—外壳 14—主弹簧 15—调压螺钉

增大,又由于副弹簧从相反的方向压在活门上,使活门与活门座之间的缝隙减小,从而使低压气体的压力稳定在一定数值。焊炬停止工作时,由于低压室气压骤然上升,就使减压活门完全关闭,使低压室内的压力不再继续上升。减压器就是这样维持输出气体的工作压力的。

正作用式减压器与反作用式减压器的工作原理基本上相似,所不同的是在正作用式减压器内,高压气体有顶开减压活门的趋势。

单级式减压器无论是正作用式还是反作用式的,都只能使低压室也就是输出气体的压力保持相对稳定,而不能保持绝对稳定。

乙炔瓶用的减压器、液化石油气(丙烷)瓶用的减压器与氧气瓶用的单级减压器的构造及工作原理基本上相似,所不同的是与瓶阀的连接方式不同:氧气减压器与瓶阀连接的螺纹是右旋螺纹,液化石油气减压器与瓶阀连接的螺纹是左旋螺纹,乙炔减压器与乙炔瓶的连接是用特殊的夹环并用紧固螺钉加以固定的。典型的氧气减压器如图1-7所示,乙炔减压器如图1-8所示。

(2)双级式减压器

双级式减压器实际上等于两个单级式减压器组合而成,SJ7-10型氧气减压器是典型的双级式减压器,其构造及工作原理如图1-9所示。其进气口最高工作压力为15MPa,工作压力调节范围为0.1~2MPa。由于是通过了两级调节,因而工作压力更加稳定,流量也比一般减压器大。

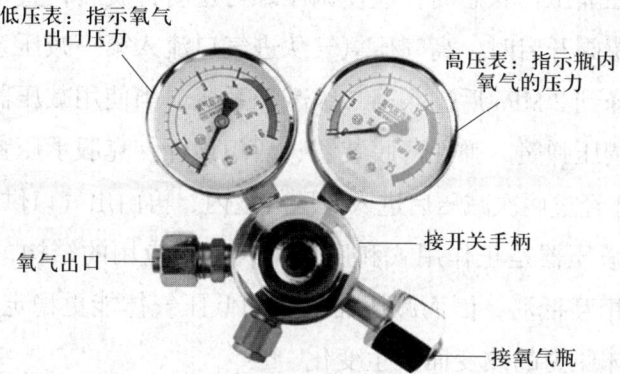

图 1-7 氧气减压器

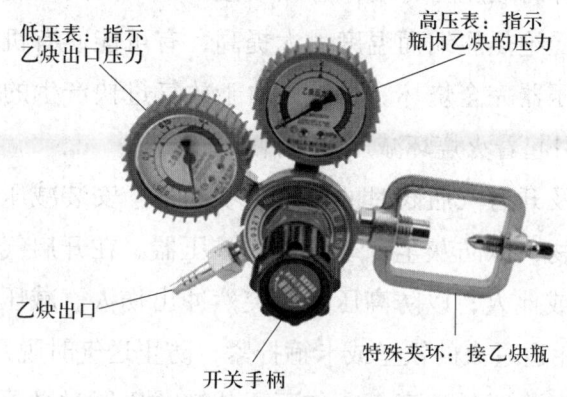

图 1-8 乙炔减压器

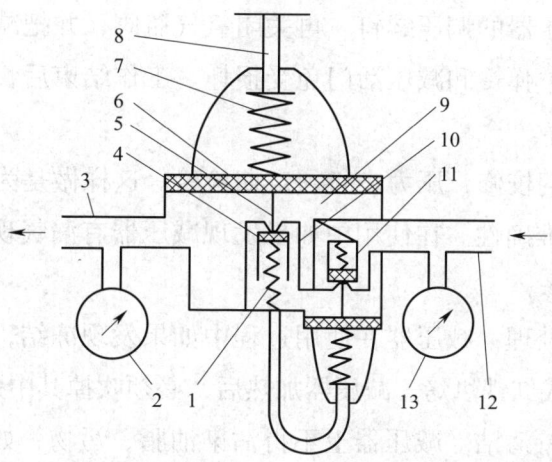

图 1-9 SJ7-10 型双级式减压器的构造及工作原理
1—承压弹簧 2—低压表 3—出气口 4—减压活门 5—活门顶杆 6—弹性薄膜装置
7—调压弹簧 8—调压螺钉 9—低压气室 10—第二级减压系统
11—第一级减压系统 12—进气口 13—高压表

当减压器处在非工作状态时，应使调压螺钉逆时针旋转，直至调压弹簧处于松弛状态。当氧气瓶阀开启时，高气压氧气从进气口流入第一减压系统，由于弹簧的作用，气压自动降到 2 MPa 后进入第二级减压系统。当使用减压器时，顺时针旋转调压螺钉，通过调压弹簧、弹性薄膜装置、活门顶杆，克服承压弹簧的压力把减压活门顶开，使气体经过两次减压后进入低压气室内，再由出气口供给焊炬使用。

一般双级式减压器是正作用式和反作用式混合应用的结构，这样可以使升压特性和减压特性相互抵消，因而减压器输出的低压气体能更稳定地保持工作压力，使之不随瓶内气体压力的改变而发生变化。

（3）减压器的使用注意事项

氧气瓶放气或开启减压器时动作必须缓慢。如果阀门开启速度过快，减压器工作部分的气体因受绝热压缩而温度大大提高，有可能使有机材料制成的零件着火烧坏，甚至使减压器完全烧坏。另外，由于放气过快产生的静电火花以及减压器有油污等，也会引起着火烧坏减压器零件。

减压器安装前及开启气瓶阀时的注意事项如下：安装减压器之前，要略打开气瓶阀门，吹除污物，以防灰尘和水分带入减压器。在开启气瓶阀时，瓶阀出气口不得对准操作者或他人，以防高压气体突然冲出伤人。减压器出气口与气体橡胶软管接头处必须用退过火的铁丝或卡箍拧紧，防止送气时脱开发生危险。

减压器装卸及工作时的注意事项如下：装卸减压器时必须注意防止管接头螺纹损坏，旋装不牢而射出。在工作过程中必须注意观察工作压力表的数值。停止工作时应先松开减压器的调压螺钉，再关闭氧气瓶阀，并把减压器内的气体慢慢放尽，这样可以保护弹簧和减压活门免受损坏。工作结束后，应从气瓶上取下减压器，加以妥善保存。

减压器必须定期校修，压力表必须定期检验。这样做是为了确保调压的可靠性和压力表读数的准确性。在使用中如果发现减压器有漏气现象、压力表针动作不灵等，应及时维修。

减压器冻结的处理：减压器在使用过程中如果发现冻结，可用热水或蒸汽解冻，绝不能用火焰或红铁烘烤。减压器加热后，必须吹掉其中残留的水分。

减压器必须保持清洁。减压器上不得沾染油脂、污物，如有油脂，必须在擦拭干净后才能使用。

各种气体的减压器及压力表不得调换使用，如用于氧气的减压器不能用于乙炔、液化石油气等系统中。

（4）减压器的故障排除

减压器的常见故障及其排除方法详见表 1-2。

表 1-2　减压器的常见故障及其排除方法

常见故障	故障原因及部位	防止措施及修理
减压器连接部分漏气	螺纹配合松动与/或垫圈损坏	拧紧螺钉与/或更换垫圈
安全阀漏气	活门垫料与/或弹簧产生变形	调整弹簧与/或更换活门垫料
减压器罩壳漏气	弹性薄膜装置的膜片损坏	更换膜片
调节螺杆松开后，气体继续流出，低压表表针继续上升（自流现象）	1）活门或门座上有污物 2）活门密封垫或活门座不平（有裂纹） 3）回动弹簧损坏，压紧力不够	1）去除活门上的污物 2）将活门不平处用细砂布磨平，如果有裂纹要更换 3）调整弹簧长度
减压器使用时，压力下降过大	1）减压活门副密封不良或有污物 2）可能气瓶阀门开启不足	1）去除污物或调换密封垫料 2）继续加大阀门开启程度
打开气瓶后，高压表表针显示有气体，但是低压表不动、动作不灵敏或有较大摇摆	1）调压弹簧损坏或传动杆弯曲 2）减压器内部冻结 3）气瓶阀门开启不足	1）更换调压弹簧或传动杆 2）用热水或蒸汽解冻 3）加大阀门开启程度
低压力表指针不归零	压力表损坏	修理或更换新的压力表

4. 回火防止器

气焊时，火焰进入焊嘴逆向燃烧进入焊炬，并且熄灭或在焊嘴重新点燃的现象称为回火。发生回火时，焊炬内发生急速的"嘶嘶"声，一旦火焰回烧进入氧气瓶或者乙炔瓶，则会造成严重的火灾及爆炸事故，危及操作人员的人身安全。导致产生回火的原因是混合气体的燃烧速度大于混合气体从焊嘴喷出的速度。可能造成回火的原因如下：

（1）焊嘴过分接近加热点或气割点，如用焊嘴清除熔杂等做法，会造成焊嘴附近的压力过大，使混合气体难以排出，喷射速度变慢。

（2）焊接时间过长或焊嘴距离工件过近，导致焊嘴过热，使焊炬内气体压力增高，加大了混合气体的流动阻力，导致其流速降低。如焊嘴温度超过 400 ℃，一部分混合气体来不及喷出就在焊炬内部燃烧，并发出"啪啪"的爆炸声。

（3）焊嘴被金属飞溅物堵塞，使焊炬内混合气体难以排出就在焊炬内产生回火。

（4）乙炔气压过小，供气压力减小，软管过长、太细、受压、弯折或破损漏气,氧气压力过大,容易进入乙炔系统,在熄火的瞬间,往往因氧气或空气进入焊炬乙炔管引起爆炸。

(5)焊炬阀门不严或其他内部结构损坏,造成氧气倒回乙炔管道,形成可燃的混合气体,点火时即发生回火爆炸,这种情况危险性最大。

因此,为了防止焊接过程中发生回火现象,气焊设备使用时必须安装回火防止器。回火防止器按照阻火介质可分为水封式回火防止器和干式回火防止器;按照工作压力可分为低压式回火防止器(低于0.01 MPa)和中压式回火防止器(0.01~0.15 MPa);按照供气能力可分为中央式回火防止器和岗位式回火防止器;按照结构可分为开启式回火防止器和闭合式回火防止器。

回火防止器的主要作用有两个:一是隔绝回烧的火焰与燃气瓶的通路;二是发生回火后阻止气体逆流,这样回火防止器内的乙炔耗尽后火焰会自行熄灭。图1-10给出了回火防止器的几个安装位置。

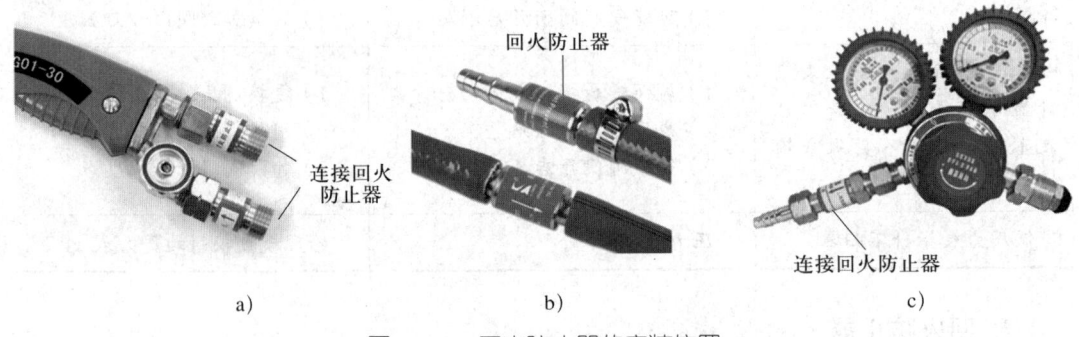

图1-10 回火防止器的安装位置
a)与焊炬相连 b)放在橡胶管之间 c)与减压器相连

回火防止器的使用安全要求如下:

(1)每个回火防止器只能供一把焊炬或割炬使用。

(2)回火防止器多次(2~3次)止熄回火后,将使流阻明显增大,必须予以更换。

(3)回火防止器使用时间超过半年时必须更换。操作工在换装新回火防止器时,必须用记号笔在回火防止器上标注开始使用日期,以方便检查。

(4)操作者不得擅自拆卸回火防止器。

(5)焊炬或割炬点火前,应排净回火防止器内的空气(或氧气)与焊割气的混合气。

5. 焊炬

(1)焊炬的作用及分类

焊炬也被称为气焊炬,是气焊操作的主要工具。焊炬的作用是将可燃气体和氧气按一定比例均匀地混合，以一定的速度从焊嘴喷出，形成一定火焰能率、一定成分、适合焊接要求和稳定燃烧的火焰。焊炬的好坏直接影响气焊的焊接质量，因而要求焊炬应具有良好的调节氧气与可燃气体的比例和火焰能率的性能，使混合气体喷出的速度等于或大于燃烧速度，以使火焰稳定地燃烧。同时还要求焊炬的重量要轻，使用时操作方便、安全可靠。焊炬实物如图1-11所示。

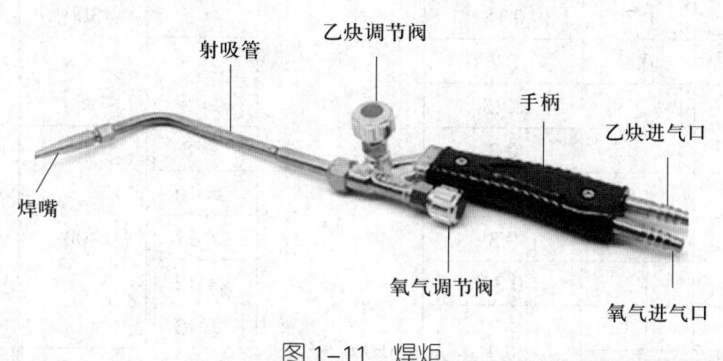

图1-11　焊炬

焊炬按可燃气体与氧气的混合方式分为等压式和射吸式两类。等压式焊炬不易发生回火，但不能使用低压乙炔作为可燃气体，这限制了它的使用。射吸式焊炬中乙炔的流动主要依靠射吸作用（即氧气从喷嘴口快速射出，将聚集在喷嘴周围的乙炔吸出，并在混合气管按一定比例混合后从焊嘴喷出），所以无论使用低压乙炔或中压乙炔，都能使焊炬正常工作。目前国产的焊炬多数为射吸式，焊炬的主要技术参数见表1-3。

（2）射吸式焊炬的使用方法

第一步：射吸式焊炬使用前要先检查射吸情况，方法是先将焊炬的氧气接头接通氧气橡胶软管，不要接乙炔橡胶软管。开启乙炔调节阀，再打开氧气调节阀，将手指按在焊炬的乙炔管接头上，如果感觉到吸力，则说明焊炬的射吸性能正常，如果感觉不到吸力，则说明焊炬射吸性能不正常，不能使用。

第二步：焊炬射吸检查正常后，再把乙炔橡胶软管接在乙炔接头上。同时应检查其他各气体通道、各气体调节阀处和焊嘴处是否漏气。

第三步：上述检查合格后才能点火。点火前应把氧气调节阀稍微打开，然后打开乙炔调节阀。点火后应立即调整火焰，使火焰达到正常形状，比如火焰对称、不偏斜、无紊流、燃烧稳定，焰芯形状呈圆柱、顶端为圆锥形或半球形。如果火焰形状不正常或有灭火现象，应检查是否漏气或管路堵塞，并进行修理。点火时也可以先打开乙炔调节阀，点燃乙炔，此时立即打开氧气调节阀。这种点火方法

表1-3 焊炬的主要技术参数

型号	焊嘴号	焊嘴孔径（mm）	氧气工作压力（MPa）	乙炔工作压力（MPa）	焰心长度（mm）	焊炬总长度（mm）	焊接低碳钢板厚度（mm）
H01-2	1	0.5	0.1	0.001~0.1	≥3	300	0.5~2
	2	0.6	0.125		≥4		
	3	0.7	0.15		≥5		
	4	0.8	0.2		≥6		
	5	0.9	0.25		≥8		
H01-6	1	0.9	0.2		≥8	400	2~6
	2	1.0	0.25		≥10		
	3	1.1	0.3		≥11		
	4	1.2	0.35		≥12		
	5	1.3	0.4		≥13		
H01-12	1	1.4	0.4		≥13	500	6~12
	2	1.6	0.45		≥15		
	3	1.8	0.5		≥17		
	4	2.0	0.6		≥18		
	5	2.2	0.7		≥19		
H01-20	1	2.4	0.6		≥20	600	12~20
	2	2.6	0.65		≥21		
	3	2.8	0.7		≥21		
	4	3.0	0.75		≥21		
	5	3.2	0.8		≥21		
H02-12	1	0.6	0.2	0.02	≥4	500	0.5~12
	2	1.0	0.25	0.03	≥11		
	3	1.4	0.3	0.04	≥13		
	4	1.8	0.35	0.05	≥17		
	5	2.2	0.4	0.06	≥20		
H02-20	1	0.6	0.2	0.02	≥4	600	0.5~20
	2	1.0	0.25	0.03	≥11		
	3	1.4	0.3	0.04	≥13		
	4	1.8	0.35	0.05	≥17		
	5	2.2	0.4	0.06	≥20		
	6	2.6	0.5	0.07	≥21		
	7	3.0	0.6	0.08	≥21		

可避免点火时的爆鸣现象，而且在送氧后一旦发生回火要立即关闭焊炬上的氧气调节阀，防止回火爆炸，这种点火方法还能容易发现焊炬是否堵塞等问题，其缺点是产生烟灰，优点是有利于安全操作。

第四步：停止使用时，应先关闭乙炔调节阀，然后再关闭氧气调节阀，以防止回火和产生烟灰。

（3）注意事项

焊接作业时，喷嘴与金属板应保持适当的距离，不能相互接触。

喷嘴发生堵塞时，应将喷嘴拆下，从内向外用焊嘴通针进行清理。

焊炬的各部位不得沾染油脂，禁止用焊炬打击工件。

焊炬的焊嘴不能过热，如温度过高需用清水冷却。

在使用过程中若发生回火，应迅速关闭乙炔调节阀，同时关闭氧气调节阀。等回火熄灭后，再打开氧气调节阀，吹除残留在焊炬内的余焰和烟灰，并将焊炬的手柄前部放在水中冷却。

6. 橡胶软管

橡胶软管主要包括氧气橡胶软管和乙炔橡胶软管。氧气橡胶软管和乙炔橡胶软管不得相互代用。按照规定，氧气橡胶软管为蓝色，内径为 8 mm，工作压力为 1.5 MPa，试验压力为 3 MPa，破坏压力不低于 6 MPa；乙炔橡胶软管为红色，内径为 10 mm，工作压力为 0.3 MPa。连接焊炬的橡胶软管长度不能少于 5 m，但也不宜过长。

橡胶软管的使用应注意以下事项：

橡胶软管应保持清洁完整，避免沾染油污、油脂。

定期检查橡胶软管是否漏气，若有漏气应切除损坏部分，严禁使用胶带或带有油脂的东西包扎。

为保证橡胶软管的耐压性和密封性，使用时要避免接触灼热金属和受重物扎压。

氧气及乙炔橡胶软管插接在各接头上要牢固、可靠。

乙炔橡胶软管更换新管时，应先将管内的空气排除干净。

四、气焊辅助工具

气焊辅助工具主要有防护用品、清理工具、焊嘴通针等。

1. 焊工服、焊工手套及护目镜等防护用品

气焊过程中，母材及焊材被高温火焰熔化，试件温度很高，可能灼伤焊工，因此气焊工必须穿戴焊工服和焊工手套等。由于焊工需要长时间观察焊接熔池，

护目镜可以保护焊工的眼睛，免受火焰及熔融金属亮光的刺激，还能够防止焊接飞溅物进入眼睛。护目镜的颜色和深浅，应根据施工现场、焊炬型号及被焊母材种类来确定，一般宜采用3~7号的黄绿色镜片，如图1-12所示。

图1-12 气焊用护目镜

2. 试件焊缝的清理工具

这包括角磨机、直磨机、钢丝刷、錾子、手锤、锉刀、清渣锤等。

3. 连接气路、开启和关闭气瓶工具

这类工具主要有扳手、喉箍、旋具等。

4. 焊嘴通针

气焊工应配备直径不同的通针一组，以便焊接时清除焊嘴的堵塞物，如图1-13所示。

5. 点火器

手枪式点火器最安全，如图1-14所示。点火时，气焊工应站在火焰喷出方向的相反方向，以防止火焰突然喷出灼伤自己。

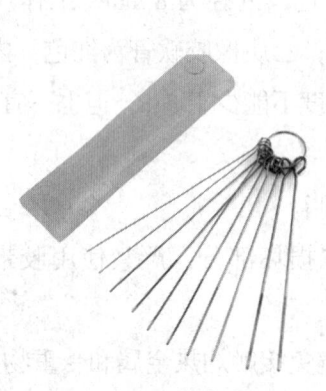

图1-13 焊嘴通针

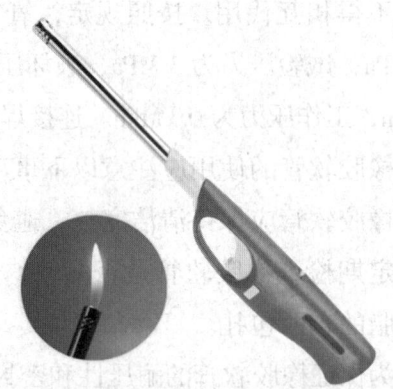

图1-14 点火器

五、焊工培训用夹具及操作台

图1-15a为常用的焊工培训用夹具，图1-15b为操作台。该夹具及操作台可以完成板材对接焊缝试件、管材对接焊缝试件、板材角接焊缝试件及管管角接焊缝试件的不同位置焊接操作，夹具上的试件依靠螺栓进行锁紧和固定。操作台上的V形槽用于管材对接时的定位焊接，也可用于管材的水平转动试件焊接，操作台平面位置用于板材定位焊接、板板对接平焊试件及板板角接横焊试件等位置焊接。

 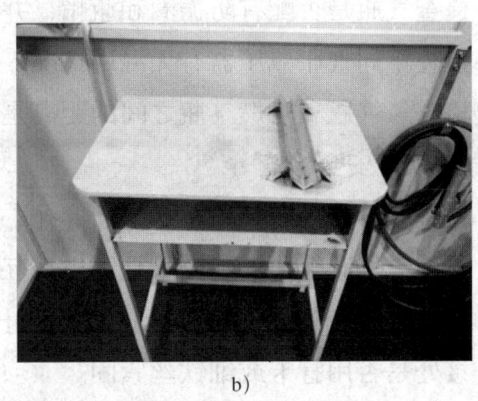

a)   b)

图 1-15 焊工培训用夹具及操作台

a）夹具   b）操作台

六、气焊场地、设备、工具和夹具的安全检查

气焊工安全操作是保证人身安全和工程质量的关键，进行气焊作业前要进行以下安全检查。

1. 焊接场地安全检查

（1）操作前必须确认焊接场地无易燃易爆物品。

（2）确认焊接场地配备足够的水源、干砂、灭火毯、灭火工具盒等灭火器材。发生火灾时，应使用二氧化碳或干粉灭火器等器材灭火。

（3）确认焊接场地具有逃生用安全出口。

2. 防护用品及夹具安全检查

（1）检查焊工服、焊工手套及护目镜等防护用品有无破损。

（2）检查夹具上用来固定的螺栓是否完好，能否达到固定焊接试件的作用。

3. 气瓶安全检查

（1）检查气瓶上是否粘贴气体充装后检验合格证。

（2）检查气瓶的颜色标记是否与所需的气体一致。

（3）检查瓶体上是否存在会影响气瓶安全使用的缺欠，如严重的机械损伤、变形、腐蚀等。

（4）检查瓶阀是否漏气、阀杆是否受损、侧接嘴螺纹旋向与所需要的气体性质是否符合，以及螺纹是否受损等。

（5）检查在氧气或氧化性气体气瓶上或瓶阀上是否有油脂物。

(6) 检查气瓶是否已固定好或是否使用铁链拴好。

(7) 检查气瓶是否配有防振圈和瓶帽，并且防振圈尺寸符合要求，无损坏。

(8) 检查不同气瓶减压器有无混用情况，确认减压器能否正常使用。

(9) 检查氧气瓶和可燃气瓶之间的距离是否满足安全要求。

4. 橡胶软管安全检查

(1) 检查胶管是否有磨损、划伤、穿孔、裂纹和老化等现象。

(2) 检查氧气胶管与乙炔胶管是否出现互相代用和混用情况。

(3) 检查氧气胶管、乙炔胶管与回火防止器等导管连接的管径是否相互吻合，并检查连接处是否用管卡或细铁丝紧固。

(4) 检查橡胶软管长度是否达到 5 m。

5. 回火防止器安全检查

(1) 检查焊炬与气瓶之间是否安装回火防止器。

(2) 检查回火防止器是否在使用有效期内。

6. 焊炬安全检查

(1) 检查焊炬内腔是否光滑、气路通畅，应确保阀门严密、调节灵敏，连接部位紧密、不泄漏。

(2) 检查焊炬的射吸能力、气密性等技术性能及其气路通畅情况。此外，检查焊炬的定期检查维护情况。

(3) 检查焊炬嘴是否有堵塞物。

(4) 检查焊炬零件是否有烧损、磨损，如有则需要用符合标准的零件更换。

7. 磨机安全检查

(1) 使用前必须开机试转，检查磨片或磨头运行是否平稳正常，磨片或磨头是否出现有受潮和缺角等现象。

(2) 仔细检查保护罩、辅助手柄，必须保证完好无松动。

(3) 检查传动部分的轴承、齿轮及冷却风叶是否灵活完好。

七、气焊工作业注意事项

气焊工进行作业时，应注意以下事项。

(1) 带有残余油脂或可燃气体、液体等介质的容器，必须把残留物清理干净，并采取通风措施后，确认无残留物方可进行焊接。焊接时必须敞开盖口，且设专人随时监视有无险情发生的可能。

（2）在容器内交替使用电焊和气焊作业时，焊炬禁止在容器内存放，点燃焊炬的操作应在容器外进行，并应遵守容器内部安全操作规程。

（3）禁止利用焊炬在容器内代替照明，或将正在燃烧的焊炬随意放置。

（4）禁止在高压输电线路下进行气焊作业。

（5）气焊作业时，不准将橡胶软管背在身上进行操作。作业结束后，确认工作现场无火源隐患后方可离开现场。

八、焊接术语

焊接术语作为焊接的基础，涉及焊接的各个领域，这里仅给出了部分基础术语，气焊工应该熟练掌握。要想了解和学习更多的焊接术语内容，可查阅 GB/T 3375—1994《焊接术语》，也可查阅中国焊接协会焊接术语系列团体标准，包括 T/CWAN 0007—2018《焊接术语 – 焊接材料》、T/CWAN 0008—2018《焊接术语 – 焊接基础》、T/CWAN 0009—2018《焊接术语 – 熔化焊》、T/CWAN 0010—2018《焊接术语 – 焊接检验》、T/CWAN 0011—2019《焊接术语 – 切割》、T/CWAN 0012—2019《焊接术语 – 压焊》、T/CWAN 0014—2019《焊接术语 – 喷涂》等。

1. 焊接材料术语

焊接材料是指焊接时所消耗材料（包括焊条、焊丝、焊剂、气体等）的通称。气焊过程中主要用到焊丝、气体及焊剂等焊接材料。

（1）焊丝：焊接时作为填充金属或同时用来导电的金属丝。

（2）填充焊丝：钨极惰性气体保护电弧焊（TIG 焊）、等离子弧焊及气焊时使用的填充金属丝。

（3）焊剂：焊接时，能够熔化形成熔渣和气体，对熔化金属起保护和冶金处理作用的一种颗粒状物质，多用于埋弧焊和电渣焊。气焊时也可将其称为熔剂。

2. 焊接基础术语

（1）焊接：同种或异种的工件，通过加热或加压或两者并用，并且用或不用填充材料，使被焊工件之间达到原子间的结合而形成永久性连接的一种加工方法。

（2）焊接过程：实现焊接连接的整个工艺过程。

（3）焊接操作：按照给定的焊接工艺完成焊接过程的各种动作的统称。

（4）焊接顺序：焊件上各焊接接头和焊缝的焊接次序。

（5）熔敷顺序：堆焊或多层焊时，各焊道的施焊次序。

（6）焊接方向：焊接热源沿焊缝长度移动的方向。

（7）焊接位置：焊件接缝所处的空间位置，包括平焊、立焊、横焊和仰焊位置等，可用焊缝倾角和焊缝转角来表示。

（8）焊缝倾角：焊缝轴线与水平面之间的夹角。

（9）焊缝转角：焊缝中心线（焊根和盖面层中心连线）和水平参照面 Y 轴的夹角。

（10）平焊位置：焊缝倾角 0°、180°，焊缝转角 90° 的焊接位置，焊缝表面处于水平面，焊工在接头上方俯首进行焊接的焊接位置，代号为 PA。

（11）平角焊位置：焊缝倾角 0°、180°，焊缝转角 45°、135° 的焊接位置，焊缝表面处于水平面，代号为 PB。

（12）横焊位置：焊缝倾角 0°、180°，焊缝转角 0°、180° 的焊接位置，焊缝轴线处于水平面，焊缝表面处于垂直平面的焊接位置，代号为 PC。

（13）仰角焊位置：焊缝倾角 0°、180°，焊缝转角 225°、315° 的焊接位置，焊缝表面向下，代号为 PD。

（14）仰焊位置：焊缝倾角 0°、180°，焊缝转角 270° 的焊接位置，焊工在接头下方仰脸进行焊接的焊接位置，代号为 PE。

（15）立焊位置：焊缝倾角 90°（立向上）、270°（立向下）的焊接位置，焊缝轴线与焊缝表面都处于垂直平面的焊接位置，向上立焊代号为 PF，向下立焊代号为 PG。

（16）平焊：在平焊位置进行的焊接。

（17）横焊：在横焊位置进行的焊接。

（18）立焊：在立焊位置进行的焊接。

（19）仰焊：在仰焊位置进行的焊接。

（20）向下立焊：立焊时，热源自上向下进行的焊接。

（21）向上立焊：立焊时，热源自下向上进行的焊接。

（22）倾斜焊：焊件接缝置于倾斜位置（除平焊、横焊、立焊、仰焊位置以外）时进行的焊接。

（23）上坡焊：倾斜焊时，热源自下向上进行的焊接。

（24）下坡焊：倾斜焊时，热源自上向下进行的焊接。

（25）全位置焊：焊接件接缝所处的空间位置包括平焊、立焊、横焊、仰焊等位置所进行的焊接。

（26）角焊：两个焊面互相垂直时的焊接。其中，焊缝高度是指直角三角形的直角点（两焊脚交点）到斜边的距离（即直角三角形斜边的高）。

（27）搭接焊：焊件装配成搭接接头进行的焊接。

（28）船形焊：T形接头、十字接头和角接接头处于平焊位置进行的焊接。

（29）平角焊：T形接头、十字接头和角接接头中一块工件处于水平位置，且焊工在俯焊状态下进行的焊接。

（30）横角焊：在横焊位置的角焊。

（31）立角焊：T形接头、十字接头和角接接头处于立焊位置进行的焊接。

（32）仰角焊：在仰焊位置的角焊。

（33）定位焊：为装配和固定焊件上的接缝位置而进行的焊接。

（34）单面焊：仅在焊件的一面施焊，完成整条焊缝所进行的焊接。

（35）双面焊：在焊件两面施焊，完成整条焊缝所进行的焊接。

（36）单道焊：只熔敷一条焊道完成整条焊缝所进行的焊接。

（37）多道焊：熔敷两条或两条以上焊道而完成整条焊缝所进行的焊接。

（38）单层焊：只熔敷一个焊层而完成整条焊缝的焊接。

（39）多层焊：熔敷两个或两个以上焊层完成整条焊缝所进行的焊接。

（40）多层多道焊：整个焊件接缝需要熔敷多道多层金属的焊接。

（41）打底焊：在厚板单面坡口对接焊时，为防止角变形或为防止发生烧穿现象，而先在接头坡口根部所进行的一条打底焊道的焊接。

（42）封底焊：在单面坡口对接焊中，先焊完正面坡口焊缝，再进行的一条封底焊道的焊接。

（43）盖面焊：多层焊时，由于焊缝表面凹凸不平影响焊缝外观质量而在焊缝表层再施加盖面焊道的焊接。

（44）摆动焊：焊接时，焊接热源在焊件上进行有规律、横向摆动的焊接操作，可通过手工、机械或磁场等方式来实现。

（45）左焊法：焊接热源从接头右端向左端移动，并指向待焊部分的操作方法。

（46）右焊法：焊接热源从接头左端向右端移动，并指向已焊部分的操作方法。

（47）单面焊双面成形：只从焊件单面施焊而获得正反两面成形良好的焊接方法。

（48）焊接工艺：与制造焊件有关的加工方法和实施要求，包括焊接准备、焊接材料选用、焊接方法选定、焊接设备、焊接参数、操作要求等。

（49）焊接条件：焊接时各种条件的总称，包括母材材质、板厚、坡口形状、接头形式、拘束状态、环境温度及湿度、清洁度，以及根据上述诸因素而确定的焊接材料种类及直径、焊接电流、电弧电压、焊接速度、焊接顺序、熔敷方法、运条方法等。

（50）焊接速度：单位时间内完成的焊缝长度。

（51）线能量：熔焊时，焊接热源输入给单位长度焊缝上的能量（J/cm）。

（52）热输入：熔焊时，由焊接热源输入焊件的热能，对于移动热源，以 J/cm 表示，对于固定热源，以 J/s 表示。

（53）预热：焊接前，对焊件的全部或局部进行加热的工艺措施。

（54）后热：焊接后，立即对焊件的全部或局部进行加热或保温，使其缓冷的工艺措施。它不等于焊后热处理。

（55）焊态：焊接过程结束后，焊件未经任何处理的状态。

（56）焊后热处理：焊接后，为改善焊接接头的组织和性能或消除残余应力而进行的热处理。

（57）预热温度：按照焊接工艺的规定，预热需要达到的温度。

（58）后热温度：按照焊接工艺的规定，后热需要达到的温度。

（59）层间温度：多层焊中，在施焊后继焊层时，其前一相邻焊层所保持的最低温度。

（60）熔化速度：熔焊过程中，熔化电极在单位时间内熔化的长度或质量。

（61）熔化时间：熔化单位长度焊条或焊丝所需要的时间。对于焊条是指焊完一根焊条（焊条头除外）所需的时间，对于焊丝是指熔化 1 m 焊丝所需的时间。

（62）熔化系数：熔焊过程中，单位电流、单位时间内焊芯（或焊丝）的熔化量 [g/(A·h)]。

（63）熔敷速度：熔焊过程中，单位时间内熔敷在焊件上的金属量（kg/h），它标志焊接过程的生产效率。

（64）熔敷系数：熔焊过程中，单位电流、单位时间内，焊芯（或焊丝）熔敷在焊件上的金属量 [g/(A·h)]，它标志着焊接过程的生产效率。

（65）熔敷效率：熔敷金属量与熔化的填充金属（通常指焊芯、焊丝）量的百分比。

（66）坡口：根据设计或工艺需要，在焊件的待焊部位加工并装配成的具有一定几何形状的沟槽。

（67）开坡口：用机械、火焰或电弧等工艺方法加工坡口的过程。

（68）坡口角度：两坡口面之间的夹角，如图1-16所示。

（69）坡口面角度：待加工坡口的端面与坡口面之间的夹角，如图1-16所示。

（70）坡口高度：焊件表面到坡口底部的垂直距离，如图1-16所示。

（71）根部间隙：焊前，在接头根部之间预留的空隙，如图1-16所示。

（72）根部锐边：焊件坡口底部的尖角，如图1-16所示。

（73）坡口面：焊件上所开坡口的表面，如图1-17所示。

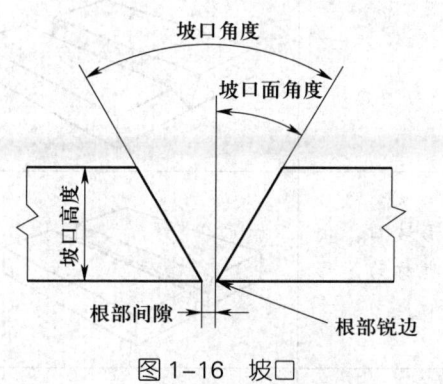

图1-16 坡口

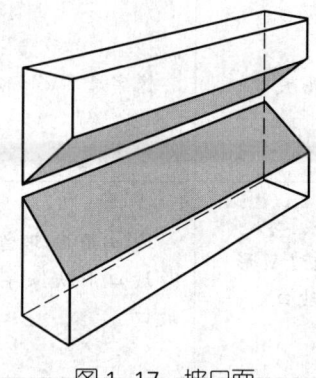

图1-17 坡口面

（74）钝边：焊件开坡口时，沿焊件厚度方向未开坡口的端面部分。

（75）钝边高度：焊件开坡口时，沿焊件厚度方向未开坡口的端面厚度，如图1-18所示。

（76）卷边高度：采用卷边接头时，焊件端部预先卷起的高度，如图1-19所示。

（77）卷边半径：采用卷边接头时，焊件卷边处的弯曲半径，如图1-19所示。

（78）单面坡口：只在焊件的一面加工所形成的坡口。

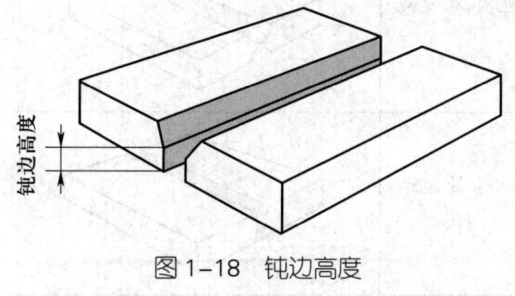

图1-18 钝边高度

图1-19 卷边高度及卷边半径

(79)双面坡口：在焊件的两面均加工所形成的坡口。

(80)坡口形式：坡口的几何形状。

坡口的类型有很多，常见的坡口形式见表1-4。

表1-4 常见坡口形式

坡口类型	描述	示意图
I形坡口	像字母"I"形状的坡口	
V形坡口	像字母"V"形状的坡口	
带钝边V形坡口	坡口面底部留有钝边的V形坡口，由于坡口形状像字母"Y"形，也称为Y形坡口	
双Y形坡口	焊件两边均开Y形的坡口，也称为带钝边X形坡口	
U形坡口	像字母"U"形状的坡口，也称为带钝边U形坡口	
双U形坡口	在焊件两面均开U形坡口，也称为带钝边双U形坡口	
J形坡口	像字母"J"形状的坡口，也称为带钝边J形坡口	

续表

坡口类型	描述	示意图
双 J 形坡口	在焊件两面均开 J 形坡口	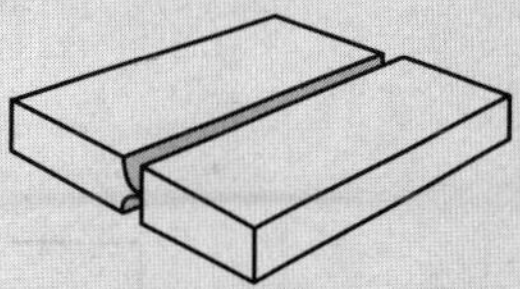
单边 V 形坡口	在焊件坡口的一面开 V 形坡口	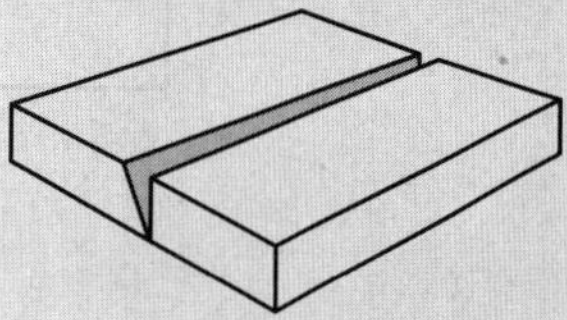
双 V 形坡口	在焊件坡口的两面均开 V 形坡口，也称为 X 形坡口	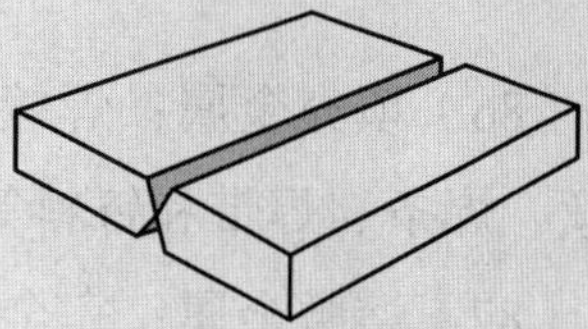
K 形坡口	像字母"K"形状的坡口，也称为双单边 V 形坡口	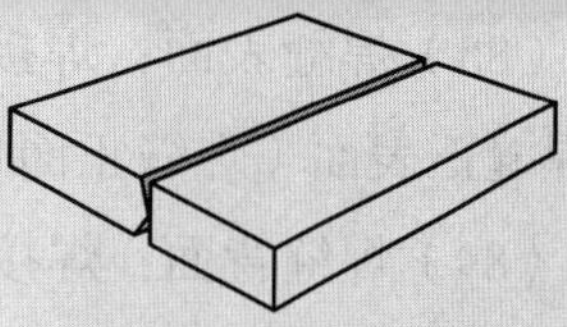
带钝边 X 形坡口	X 形坡口底部留有钝边	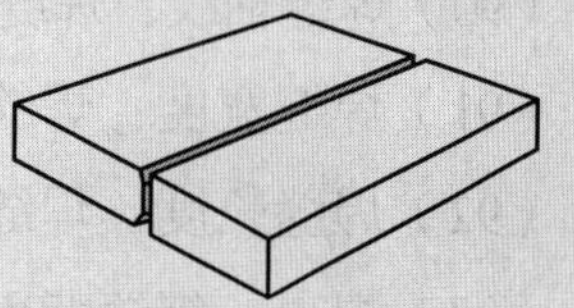
喇叭形坡口	与喇叭形状相似的坡口	
锁底坡口	一个开有 V 形坡口焊件端部放在另一个板件预制锁底边上所构成的坡口	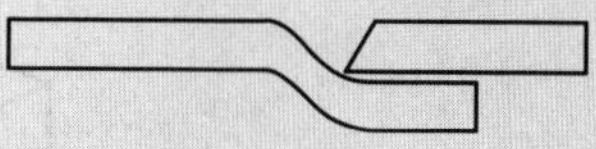

（81）焊缝：焊接后焊件所形成的结合部分。

（82）焊缝金属：构成焊缝的金属，一般指由熔化的母材和填充金属凝固后形成的那部分金属，如图 1-20 所示。

（83）热影响区：焊接或热切割过程中，母材因受热的影响（但未熔化）而发生金相组织和力学性能变化的区域，如图 1-20 所示。

（84）熔合区：焊接接头中，焊缝向热影响区过渡的区域，如图 1-20 所示。

（85）熔合线：焊接接头横断面宏观腐蚀所显示的焊缝轮廓线，或焊缝金属与母材的分界线，如图 1-20 所示。

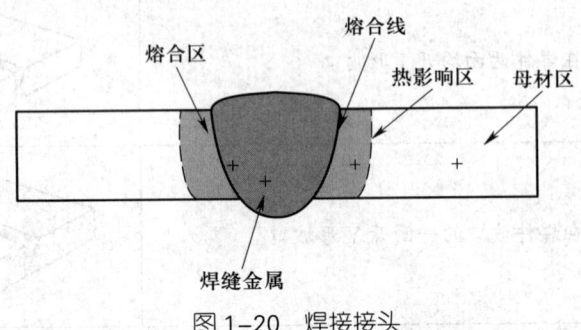

图 1-20　焊接接头

（86）填充金属：焊接时用于填加到焊缝、堆焊层和钎缝中金属的总称，包括焊丝、焊条、焊带和钎料等金属材料。

（87）熔敷金属：完全由填充金属熔化后所形成的焊缝金属。

（88）焊缝表面：焊接完成后，从焊件的施焊面所见到的焊缝表面。焊缝表面分焊缝正表面（焊缝正面）和焊缝背表面（焊缝背面）。

（89）焊缝背面：焊接完成后，从焊件施焊面的背面所见到的焊缝面。

（90）焊缝轴线：焊缝横断面几何中心沿焊缝长度方向的连线，如图 1-21 所示。

（91）焊缝宽度：焊缝表面两焊趾之间的距离，如图 1-21 所示。

（92）焊缝长度：焊缝沿轴线方向的长度，如图 1-21 所示。

（93）焊根：焊缝背面与母材的交界处，如图 1-21 所示。

（94）焊趾：焊缝表面与母材的交界处，如图 1-21 所示。

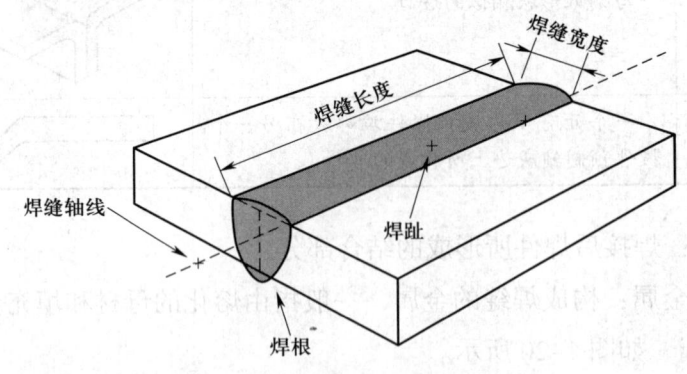

图 1-21　焊缝尺寸、焊趾及焊根

（95）焊缝有效长度：尺寸符合规定要求的焊缝长度，不包括弧坑及熔深不足的起弧部位。

（96）焊缝厚度：在焊缝横截面中，从焊趾连线到焊缝根部的距离。

（97）焊缝计算厚度：设计焊缝时使用的焊缝厚度。对接焊缝焊透时它等于焊件的厚度；角焊缝时，它等于在角焊缝横截面内画出的最大直角等腰三角形中，从直角的顶点到斜边的垂线长度，如图 1-22 所示。

（98）焊缝实际厚度：在焊缝横截面中，从焊缝表面的凸点或凹点到焊缝根部的距离，如图 1-22 所示。

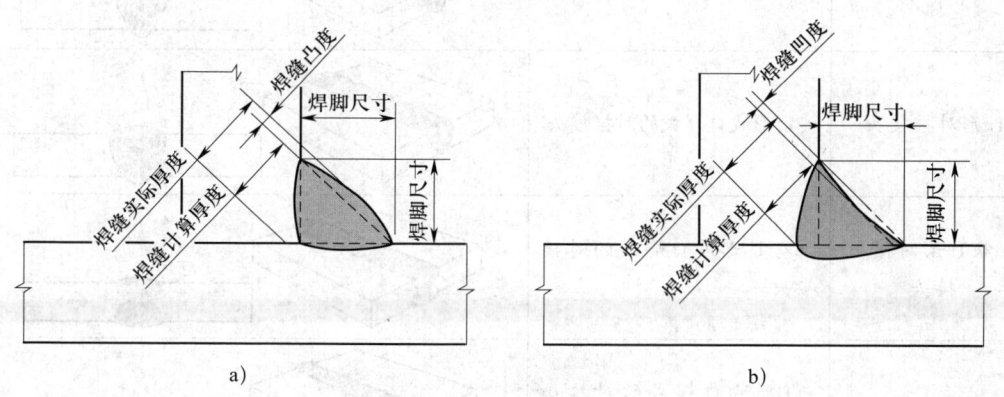

图 1-22　角焊缝厚度
a）凸形角焊缝　b）凹形角焊缝

（99）熔深：在焊接接头横截面上，母材或前道焊缝熔化的深度。

（100）焊缝成形：熔焊后，液态金属冷凝后形成的焊缝外形。

（101）余高：焊缝表面焊趾连线上面那部分焊缝金属的最大高度，如图 1-23 所示。在静载下，余高有一定加强作用，过去称为加强高；动载或交变载荷下，余高不能起加强作用，反而易于促使脆断。

（102）背面余高：焊缝背面的余高，如图 1-23 所示。

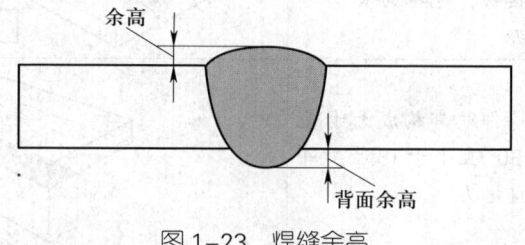

图 1-23　焊缝余高

（103）焊波：焊道表面的鱼鳞状波纹。

（104）焊接接头：简称接头，指两个或两个以上零件用焊接方法连接的接头，包括焊缝区、熔合区和热影响区，主要的焊接接头形式见表 1-5。

表 1-5 常见焊接接头形式

焊接接头形式	描述	示意图
I 形对接接头	I 形坡口焊成的对接接头	
V 形对接接头	V 形坡口焊成的对接接头	
U 形对接接头	U 形坡口焊成的对接接头	
双 U 形对接接头	双 U 形坡口焊成的对接接头	
J 形对接接头	J 形坡口焊成的对接接头	
双 J 形对接接头	双 J 形坡口焊成的对接接头	
双 V 形对接接头	双 V 形坡口形成的对接接头，也称为 X 形对接接头	
K 形对接接头	双单边 V 形坡口焊成的对接接头，也称为 K 形对接接头	
角焊接头	两焊件端部构成大于或等于 30°且小于 135°夹角的焊接接头	
T 形接头	一焊件的端面与另一焊件表面构成直角或近似直角的接头	

续表

焊接接头形式	描述	示意图
搭接接头	两板件部分重叠构成的接头	
端接接头	两板（棒）件重叠放置或两件表面之间夹角不大于30°构成的端部接头	
锁底对接接头	一个板件端部放在另一个板件预留底边上所构成的对接接头	

九、焊接试件位置

焊缝位置基本上由试件位置决定，焊工必须要熟练掌握。板材对接焊缝试件如图 1-24 所示，板材角接焊缝试件如图 1-25 所示，管材对接焊缝试件如图 1-26 所示，管材/管板角接焊缝试件如图 1-27 所示。

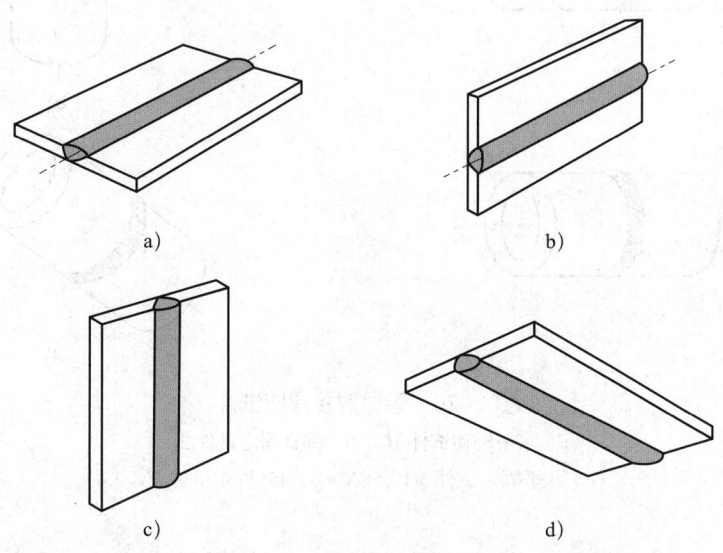

图 1-24　板材对接焊缝试件
a) 平焊试件 1G　b) 横焊试件 2G　c) 立焊试件 3G　d) 仰焊试件 4G

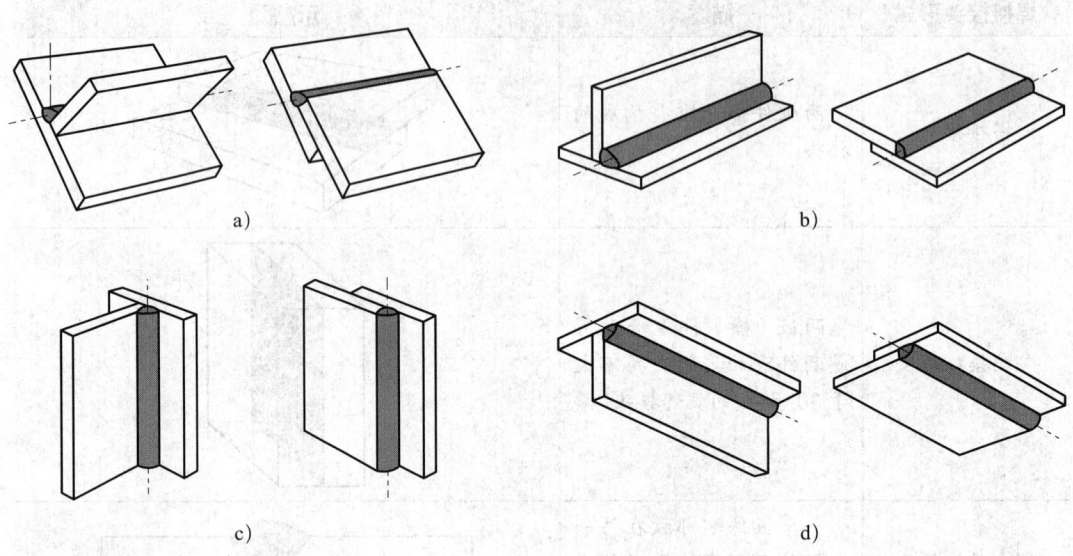

图 1-25 板材角接焊缝试件

a）平焊试件 1F　b）横焊试件 2F　c）立焊试件 3F　d）仰焊试件 4F

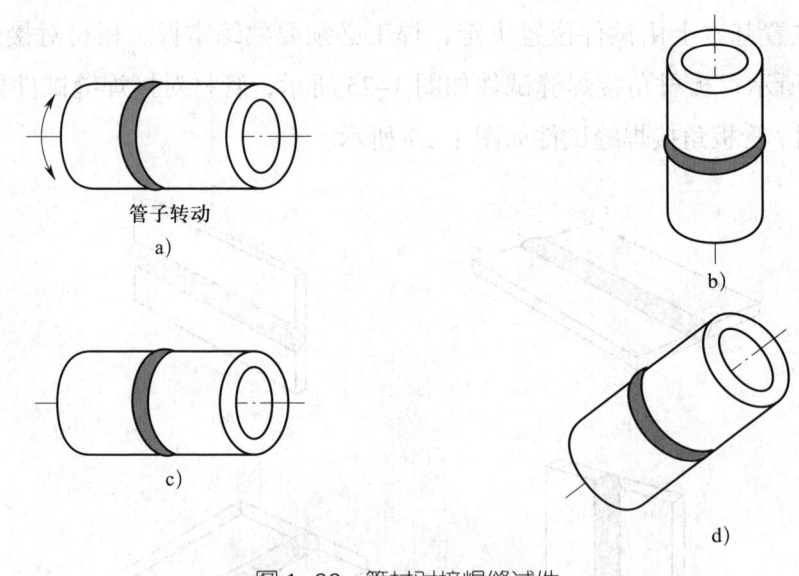

图 1-26 管材对接焊缝试件

a）水平转动试件 1G　b）垂直固定试件 2G
c）水平固定试件 5G、5GX　d）45°固定试件 6G

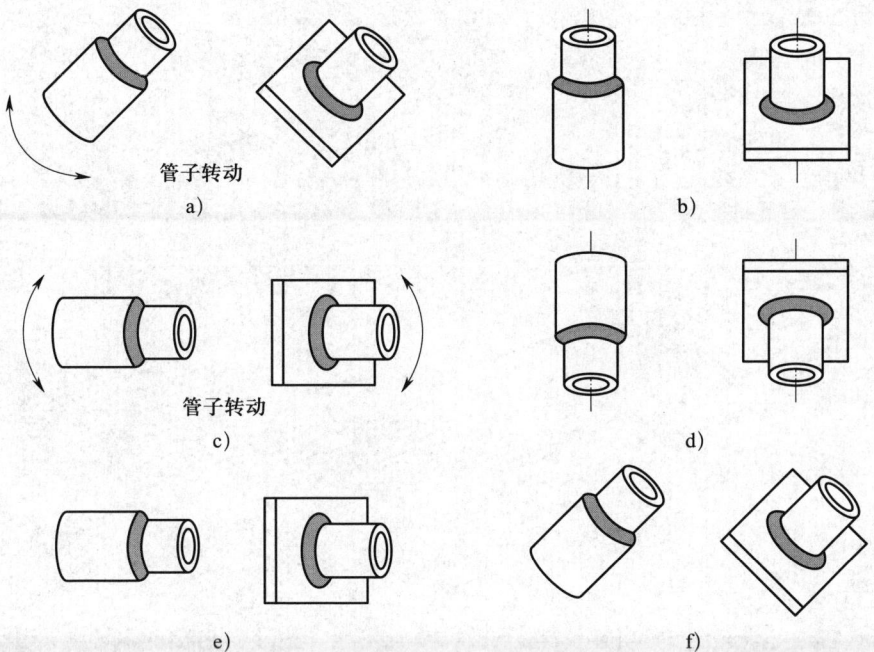

图 1-27 管材/管板角接焊缝试件

a) 45°转动试件 1F b) 垂直固定横焊试件 2F c) 水平转动试件 2FR d) 垂直固定仰焊试件 4F
e) 水平固定试件 5F f) 45°固定试件 6F

职业模块 二
低碳钢或低合金钢板角接接头气焊

培训项目 一

焊前准备

培训单元1　工件及焊丝的清理

掌握气焊工件及焊丝表面的清理方法。

一、工件及焊丝表面清理的目的

为了保证焊接接头质量，焊前需将待焊处的氧化皮、铁锈、油污和脏污等清除。可用砂纸、钢丝刷、锉刀、刮刀、角磨机、直磨机等机械方法进行清理，使焊件坡口及附近两侧 20 mm 区域内露出金属光泽；也可使用酸或碱溶剂清洁待焊处，溶解氧化物，再用清水冲洗干净待焊处，用火焰烤干后施焊。焊丝表面若有脏污，可用砂纸打磨，去掉氧化物或脏污。这是防止焊接接头产生气孔、夹渣和裂纹等缺欠的重要措施。

二、打磨工具的使用方法

角磨机又称为研磨机或盘磨机，主要用于切割、研磨及刷磨金属与石材等，是焊前清理板状焊接试件的主要工具，如图 1-28a 所示。角磨机具有转速高、清除缺欠速度快以及打磨焊缝表面美观等优点，因而成为焊工在焊接过程中不可缺少的常用辅助工具。角磨机所用的砂轮片分为磨光片和切割片两种，直径有100 mm、125 mm、180 mm 和 250 mm 等多种规格，焊工可根据焊件的尺寸、焊缝位置、操作空间等工况条件来选择适当规格的砂轮片。

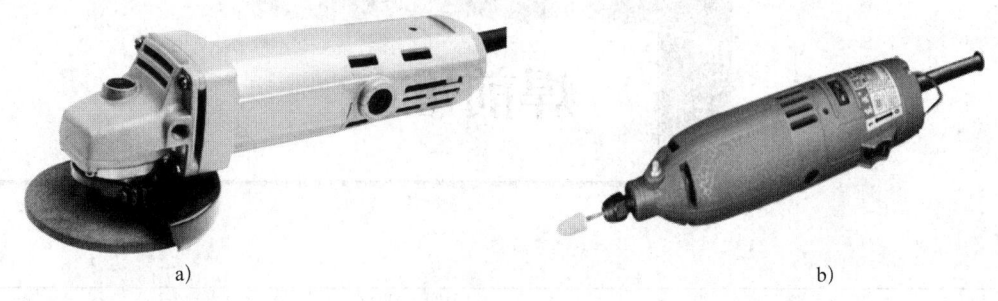

图 1-28 磨机
a）角磨机 b）直磨机

直磨机即平常所说的管道内磨机，如图 1-28b 所示，主要是用来打磨小直径管道内侧坡口的电动工具。直磨机转速高，打磨坡口效率高，在焊接施工中是不可缺少的常用辅助工具。

- 磨机在操作时的磨切方向严禁对着周围的工作人员及一切易燃易爆危险物品，以免造成不必要的伤害。保持工作场地干净、整洁。
- 使用磨机前应仔细检查保护罩、辅助手柄，必须保证其完好无松动。
- 磨机在使用前必须要开机试转，看磨片运行是否平稳正常，检查对磨片的磨损程度，确认无误后方可正常使用。
- 插头插上之前，务必检查机器开关是否处在关闭的位置。
- 装好磨片前注意是否出现有受潮和缺角等现象，并且安装必须牢靠无松动，严禁采用除专用工具以外的其他外力工具敲打砂轮夹紧螺母。
- 使用的电源插座必须装有漏电开关装置，并检查电源线有无破损现象。
- 打磨工作前，磨片与工件的倾斜角度保持在 30°~40°。切割时，勿重压、勿倾斜、勿摇晃，根据工件的材质适度控制切割力度。保持切割片与板料切口的平行，不可用侧压方式歪斜下切。
- 使用磨机时要切记不可用力过猛，要缓慢均匀用力，以免发生磨片撞碎的情况。如出现磨片卡阻现象，应立即将磨机提起，以免烧坏磨机或因磨片破碎，造成安全隐患。
- 严禁使用无安全防护罩的角磨机，严禁使用防护罩出现松动而无法紧固的角磨机，并由专人及时修理，严禁焊工擅自拆卸角磨机。

- 磨机工作时间较长而机体温度大于 50 ℃以上并有烫手的感觉时，应立即停机待自然冷却后再行使用。
- 操作磨机前必须配戴防护眼镜及防尘口罩，防护设施不到位时不准进行作业。
- 更换磨片时，必须关闭电源或拉掉电源线，确认无误后方可进行磨片的更换，务必使用专用工具拆装，严禁乱敲乱打。
- 定期检查传动部分的轴承、齿轮及冷却风叶是否灵活完好，适时对转动部位加注润滑油，以延长磨机的使用寿命。

技能要求

操作名称：工件及焊丝的清理

操作实施步骤

步骤 1：试件准备

试件材质：Q235B 或 Q355B。

试件尺寸及数量：250 mm × 100 mm × 4 mm，两件，接头形式及尺寸如图 1-29 所示。

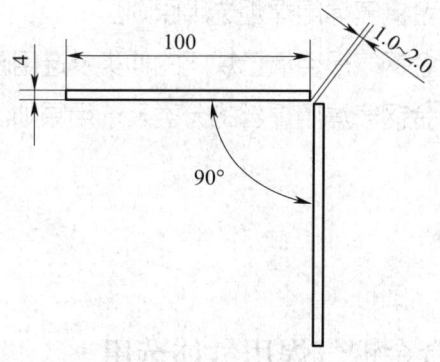

图 1-29　接头形式及尺寸

步骤 2：清理焊丝及试件

如果焊丝表面有锈蚀或者油污，则用砂纸清理焊丝表面，也可以使用有机溶剂清理。清理试件时，要先将其固定，然后使用角磨机清理焊件待焊面及附近两侧 20 mm 区域，使其露出金属光泽，如图 1-30 所示。

图 1-30　清理试件
a）清理操作　b）清理好的试件

培训单元 2　气焊用气体、焊炬、焊丝及焊剂的选用

培训重点

1. 掌握低碳钢或低合金钢气焊用气体选用原则。
2. 掌握低碳钢或低合金钢气焊用焊炬选用原则。
3. 掌握低碳钢或低合金钢气焊用氧乙炔焰的种类及选用原则。
4. 掌握低碳钢或低合金钢气焊用焊丝的分类及选用原则。

知识要求

一、低碳钢或低合金钢气焊用气体选用

气焊低碳钢或低合金钢板时，助燃气体为氧气，可燃气体为乙炔。

二、气焊用焊炬

气焊用焊炬一般选用射吸式焊炬,选用的型号应考虑被焊母材种类、焊接空间位置等因素。焊炬型号与被焊母材的厚度也要相匹配,其主要技术参数见表1-3。

三、氧乙炔火焰的种类

气焊火焰应具有足够的温度、热量集中、焰心挺度好及体积小等特点,主要包括氧乙炔焰、氢氧焰、液化石油气体及丁烷和丁烯等燃烧的火焰。氧乙炔焰是气焊主要使用的火焰,氧乙炔焰根据氧和乙炔混合比的不同,可分为中性焰、碳化焰和氧化焰三种类型,其构造和形状如图1-31所示。

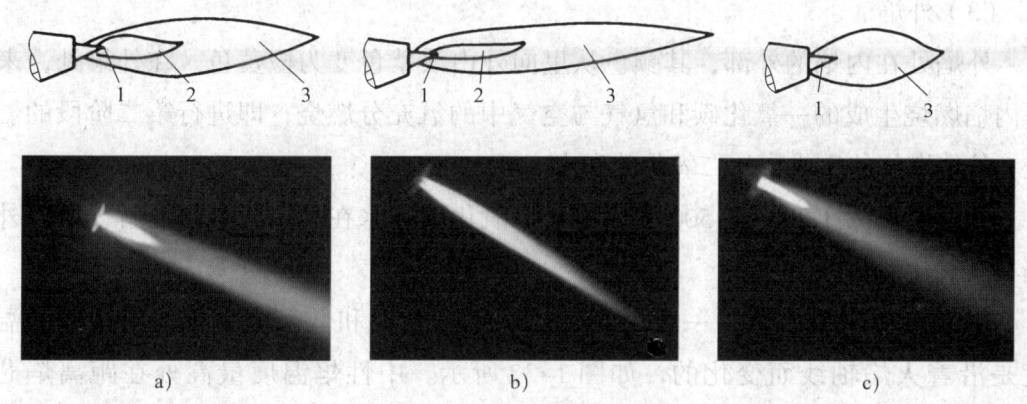

图1-31 氧乙炔焰构造和形状
a) 中性焰 b) 碳化焰 c) 氧化焰
1—焰芯 2—内焰 3—外焰

1. 中性焰

中性焰是氧与乙炔体积的比值为1.1~1.2的混合气燃烧形成的气体火焰,中性焰在第一燃烧阶段既无过剩的氧又无游离的碳。当氧与丙烷体积的比值为3.5时,也可得到中性焰。中性焰有3个显著区别的区域,分别为焰芯、内焰和外焰。

(1) 焰芯

中性焰的焰芯呈尖锥形,色白而明亮,轮廓清楚。焰芯由氧气和乙炔组成,焰芯外表分布有一层由乙炔分解所生成的碳素微粒。由于炽热的碳粒发出明亮的白光,因而能看见明亮而清楚的轮廓,在焰芯内部进行着第一阶段的燃烧。焰芯虽然很亮但温度较低(800~1 200 ℃),这是由于乙炔分解而吸收了部分热量的缘故。

（2）内焰

内焰主要由乙炔的不完全燃烧产物构成，即来自焰芯的碳和氢气与氧气燃烧的生成物一氧化碳和氢气所组成。内焰位于碳素微粒层外面，呈蓝白色，有深蓝色线条。内焰处在焰芯前2~4mm部位，燃烧激烈，温度最高，可达3 100~3 150 ℃。气焊时，一般就利用这个温度区域进行，因而称为气焊区（焊接区）。

由于内焰中的一氧化碳和氢气能起还原作用，所以气焊碳钢时都在内焰进行，将工件的焊接部位放在距焰芯尖端2~4mm处。内焰中气体的一氧化碳含量占60%~66%，氢气的含量占30%~34%，由于对许多金属的氧化物具有还原作用，所以焊接区又称为还原区。

（3）外焰

外焰处在内焰的外部，其颜色从里向外由淡紫色变为橙黄色。在外焰处，来自内焰燃烧生成的一氧化碳和氢气与空气中的氧充分燃烧，即进行第二阶段的燃烧。外焰燃烧的生成物是二氧化碳和水。

外焰温度为1 200~2 500 ℃，由于二氧化碳和水在高温时容易分解，所以外焰具有氧化性。

中性焰应用最广泛，一般用于气焊碳钢、紫铜和低合金钢等。中性焰的温度是沿着火焰轴线而变化的，如图1-32所示。中性焰温度最高处在距离焰芯末端2~4mm的内焰范围内，此处温度可达3 150 ℃，离此处越远，火焰温度越低。

此外，火焰在横断面上的温度是不同的，断面中心温度最高，越向边缘，温度就越低。中性焰的焰芯和外焰温度较低，内焰具有还原性，不但温度最高还可以改善焊缝金属的性能，所以，采用中性焰气焊大多数的金属及其合金时，一般利用其内焰。

2. 碳化焰

碳化焰是氧与乙炔的体积比小于1.1

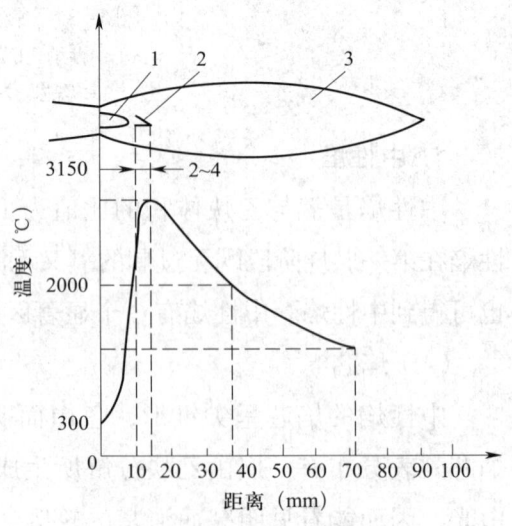

图1-32 中性焰的温度分布情况
1—焰芯 2—内焰 3—外焰

时的混合气燃烧形成的气体火焰，因为乙炔有过剩量，所以燃烧不完全。碳化焰中含有游离碳，具有较强的还原作用和一定的渗碳作用。

碳化焰同样分为焰芯、内焰和外焰3部分。碳化焰的整个火焰比中性焰长而柔软，而且随着乙炔的供给量增多，碳化焰也就变得越长、越柔软，其挺度就越差。当乙炔的过剩量很大时，由于缺乏使乙炔完全燃烧所需要的氧气，火焰出现冒黑烟现象。

碳化焰的焰芯较长，呈蓝白色，由一氧化碳、氢气和碳素微粒组成。碳化焰的外焰特别长，呈橘红色，由水蒸气、二氧化碳、氧气、氢气和碳素微粒组成。

碳化焰的温度为 2 700~3 000 ℃。由于在碳化焰中有过剩的乙炔，它可以分解为氢气和碳，在气焊碳钢时，火焰中游离状态的碳会渗到熔池中去，增高焊缝的含碳量，使焊缝金属的强度提高而塑性降低。此外，过多的氢进入熔池，会促使焊缝产生气孔和裂纹，因而，碳化焰不能用于气焊低碳钢及低合金钢。但轻微的碳化焰应用较广，可用于气焊高碳钢、中合金钢、高合金钢、铸铁、铝和铝合金等材料。

3. 氧化焰

氧化焰是氧与乙炔体积比大于1.2时的混合气燃烧形成的气体火焰。氧化焰中有过剩的氧，在尖形焰芯外面形成了一个有氧化性的富氧区。

氧化焰由于火焰中含氧较多，氧化焰的氧化反应剧烈，使焰芯、内焰、外焰都缩短，内焰很短，几乎看不到；焰芯呈淡紫蓝色，轮廓不明显；外焰呈蓝色，火焰挺直，燃烧时发出急剧的"嘶嘶"声。氧化焰的长度取决于氧气的压力和氧气的比例，氧气的比例越大，火焰就越短，噪声也就越大。

氧化焰的温度可达 3 100~3 400 ℃。由于氧气的供应量较多，使整个火焰具有氧化性，采用氧化焰就会造成氧化和合金元素的烧损，使气焊金属氧化物和气孔增多，从而较大地降低焊缝质量。所以，一般材料的气焊不能采用氧化焰。但在焊接黄铜和锡青铜时，利用轻微的氧化焰的氧化性，可以阻止锌、锡的蒸发。

4. 各种金属材料气焊火焰的选择原则

中性焰、碳化焰、氧化焰的性质不同，适用于气焊不同的材料。氧与乙炔不同体积比值对焊接接头的质量影响很大。

各种金属材料气焊时火焰种类的选择详见表1-6。

表1-6 金属材料气焊时火焰种类的选择

焊接材料	焊接火焰	焊接材料	焊接火焰
低碳钢	中性焰	铬镍不锈钢	中性焰或轻微碳化焰
中碳钢	中性焰或轻微碳化焰	紫铜	中性焰
低合金钢	中性焰	锡青铜	轻微氧化焰
高碳钢	轻微碳化焰	黄铜	氧化焰
灰铸铁	碳化焰或轻微碳化焰	铝及铝合金	中性焰或轻微碳化焰
高速钢	碳化焰	铅、锡	中性焰或轻微碳化焰
锰钢	轻微碳化焰	镍	碳化焰或轻微碳化焰
镀锌铁皮	轻微碳化焰	蒙乃尔合金	碳化焰
铬不锈钢	中性焰或轻微碳化焰	硬质合金	碳化焰

四、低碳钢或低合金钢气焊用焊丝的分类及选用原则

气焊低碳钢或低合金钢常用焊丝的化学成分见表1-7。选用焊丝时,主要考虑以下原则。

表1-7 气焊低碳钢或低合金钢常用焊丝的化学成分

牌号	化学成分(质量分数,%)								
	C	Mn	Si	Cr	Ni	Mo	V	S	P
H08A	≤ 0.10	0.30~0.55	≤ 0.03			—	—	≤ 0.030	≤ 0.030
H08E	≤ 0.10	0.30~0.55	≤ 0.03			—	—	≤ 0.020	≤ 0.020
H08MnA	≤ 0.10	0.80~1.10	≤ 0.07					≤ 0.030	≤ 0.030
H15A	0.11~0.18	0.35~0.65	0.80~1.10	≤ 0.20	≤ 0.30			≤ 0.030	≤ 0.030
H15Mn	0.11~0.18	0.80~1.10	0.80~1.10	≤ 0.20	≤ 0.30			≤ 0.035	≤ 0.035
H08Mn2SiA	≤ 0.11	1.80~2.10	0.65~0.95					≤ 0.030	≤ 0.030
H10Mn2	≤ 0.12	1.50~1.90	≤ 0.07			—		≤ 0.035	≤ 0.035
H08CrMoA	≤ 0.10	0.40~0.70	0.15~0.35	0.80~1.10		0.40~0.60	—	≤ 0.030	≤ 0.030
H13CrMoA	0.11~0.16	0.40~0.70	0.15~0.35	0.80~1.10		0.40~0.60	—	≤ 0.030	≤ 0.030
H08CrMoVA	0.11~0.16	0.40~0.70	0.15~0.35	1.00~1.30		0.50~0.70	0.15~0.35	≤ 0.030	≤ 0.030

考虑母材的力学性能。要根据母材的抗拉强度及焊接接头设计的技术要求，确定使用的焊丝，低碳钢或低合金钢的焊接一般采用等强匹配原则。

被焊母材的熔点。焊丝的熔点应等于或略低于被焊金属的熔点，否则在焊接过程中容易形成烧穿、咬边和夹渣等缺欠。

考虑某些被焊母材中含有的特殊元素。部分低合金钢母材还要考虑合金元素的烧损问题，所以当选择焊丝时，要选用该合金元素含量较高的焊丝，是为了补充烧损或蒸发的元素，来确保焊接接头的力学性能。

焊丝直径。焊丝直径应根据焊件的厚度、坡口形式、焊接位置和火焰能率等因素来确定。焊丝直径较小，可能导致焊件还未熔化时，熔滴下落，从而造成未熔合、焊缝高低不平及宽窄不一致等缺欠；焊丝直径较大，加热时间长，熔滴增大，热输入大，会导致热影响区组织粗大、焊接接头烧穿、下塌等缺欠。推荐的焊丝直径与焊件厚度关系见表1-8。

表1-8 焊丝直径与焊件厚度关系　　　　　　　　　　　mm

焊件厚度	1~2	2~3	3~5	5~10	10~15
焊丝直径	1~2 或不用焊丝	2~3	3~4	3~5	4~6

培训单元3 角接接头气焊的反变形量控制

1. 掌握焊接变形的种类。
2. 掌握低碳钢或低合金钢板角接接头反变形量的控制原则。

一、焊接引起的应力与变形

焊接时发生应力和变形的原因是焊件受到不均匀加热，并且，因加热所引起的热变形和组织变形受到焊件本身刚度的约束。在焊接过程中所发生的应力和变形被称为暂态或瞬态的应力变形，而在焊接完毕和构件完全冷却后残留的应力和变形，称之为残余应力变形。

1. 引起焊接应力与变形的机理

焊接时，焊件受到不均匀加热并使焊缝区熔化，与焊接熔池毗邻的高温区材料的热膨胀则受到周围冷态材料的制约，产生不均匀的压缩塑性变形。在冷却的过程中，已经发生压缩塑性变形的这部分材料（如长焊缝两侧）同样受到周围金属的制约而不能自由收缩，并在一定程度上受到拉伸而卸载。与此同时，熔池凝固，焊缝金属冷却收缩也因受到制约而产生收缩拉应力和变形。这样，在焊接接头区域就产生了残余应变，或称之为初始应变或固有应变。

2. 影响焊接应力与变形的因素

焊接应力与变形是由多种因素交互作用而导致的结果。焊接时的局部不均匀热输入是产生焊接应力与变形的决定性因素，热输入是通过材料因素、制造因素和结构因素所构成的内拘束度和外拘束度而影响热源周围的金属运动，最终形成焊接应力与变形。影响热源周围金属运动的内拘束度主要取决于材料的热物理参数和力学性能，而外拘束度主要取决于制造因素和结构因素。

二、焊接变形的分类

焊接变形是指焊后残存于结构中的变形。焊接变形可以发生于结构板材的某一平面内，称之为面内变形，也可发生于平面之外，称为面外变形。焊接变形主要有以下几种。

1. 纵向收缩变形

纵向收缩变形表现为焊后构件在焊缝长度方向上发生收缩，使长度缩短，如图 1-33 中的 ΔL 所示。纵向收缩是一种面内变形。

2. 横向收缩变形

横向收缩变形表现为焊后构件在垂直焊缝长度方向上发生收缩，如图 1-33 中的 ΔB 所示。横向收缩也是一种面内变形。

3. 挠曲变形

挠曲变形指构件焊后发生挠曲。挠曲可以由纵向收缩引起，也可以由横向收缩引起，如图 1-34 所示。挠曲变形是一种面内变形。

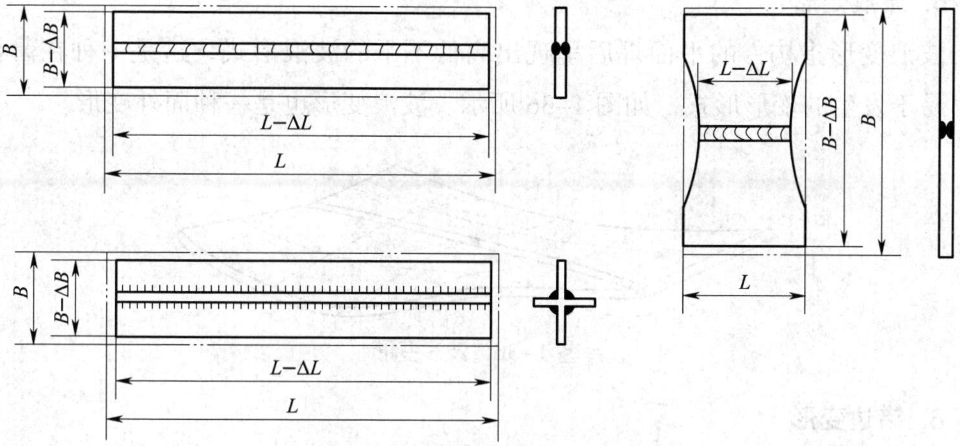

图 1-33 纵向和横向收缩变形

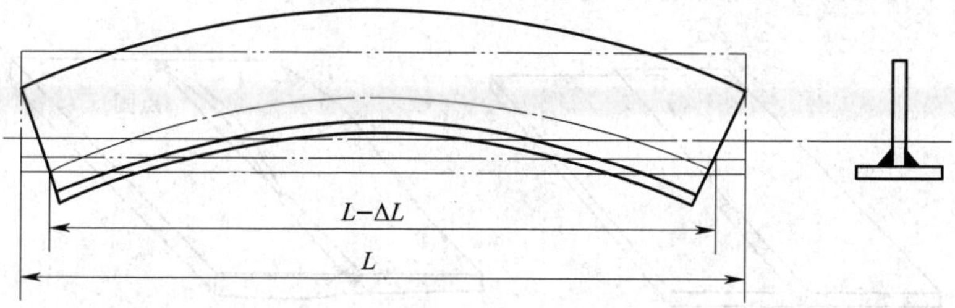

图 1-34 挠曲变形
a）由纵向收缩引起的挠曲变形　b）由横向收缩引起的挠曲变形

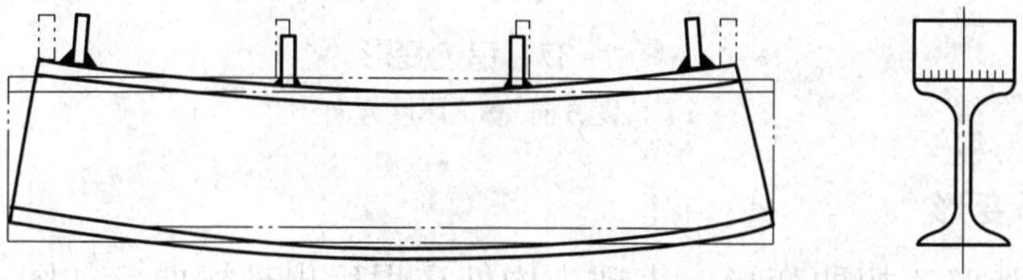

4. 角变形

角变形表现为焊后构件的平面围绕焊缝产生角位移，图 1-35 给出了角变形的常见形式。角变形是一种面外变形。

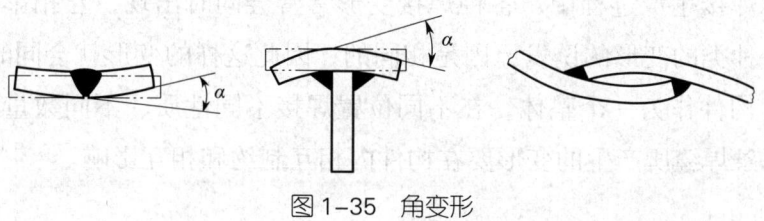

图 1-35 角变形

5. 波浪变形

波浪变形指构件的平面焊后呈现出高低不平的波浪形式，这是一种在薄板焊接时易于发生的变形形式，如图 1-36 所示。波浪变形也是一种面外变形。

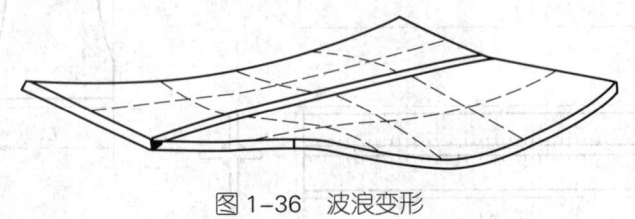

图 1-36 波浪变形

6. 错边变形

错边变形指由焊接所导致的构件在长度方向或厚度方向上出现错位，如图 1-37 所示。长度方向的错边变形是面内变形，厚度方向上的错边变形为面外变形。

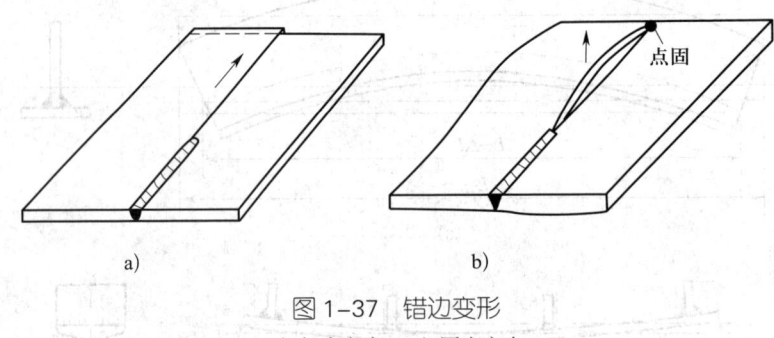

图 1-37 错边变形
a）长度方向　b）厚度方向

7. 螺旋形变形

螺旋形变形又叫扭曲变形，表现为构件在焊后出现扭曲，如图 1-38 所示。螺旋形变形是一种面外变形。

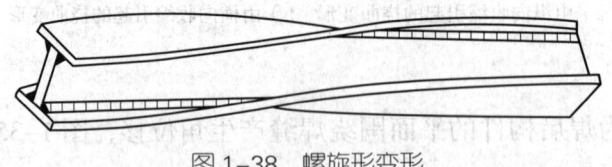

图 1-38 螺旋形变形

在实际焊接生产过程中，各种焊接变形常常会同时出现，互相影响。一方面是由于某些种类的变形的诱发原因是相同的，因此这样的变形就会同时表现出来；另一方面，构件作为一个整体，在不同位置焊接不同性质、不同数量和不同长度的焊缝，每条焊缝所产生的变形要在构件内相互制约和相互影响。

三、气焊的角接接头形式及反变形

1. 适用于气焊的角接接头的形式

GB/T 985.1—2008《气焊、焊条电弧焊、气体保护焊和高能束焊的推荐坡口》中给出的适用于气焊的角接接头主要形式见表 1-9。

表 1-9 适用于气焊的角接接头主要形式

序号	母材厚度 t (mm)	横截面示意图	尺寸 角度 α (°)	尺寸 间隙 b (mm)	焊缝示意图
1	$t_1>2$ $t_2>2$	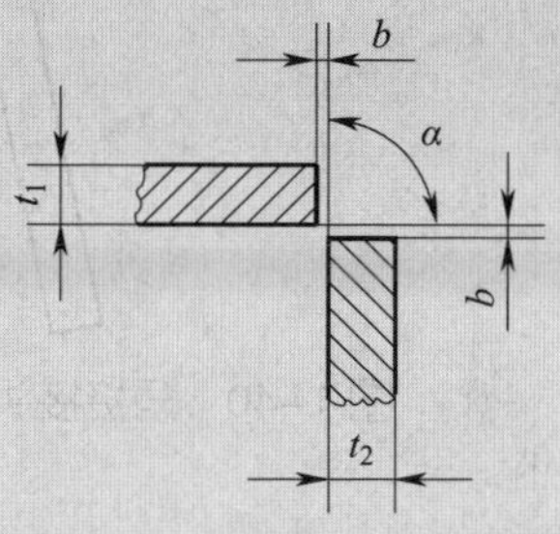	60~120	≤2	
2	$t_1>3$ $t_2>3$	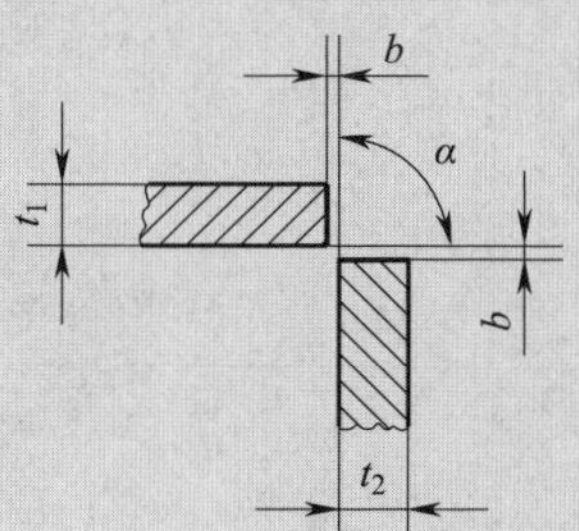	70~100	≤2	
3	$t_1>2$ $t_2>5$	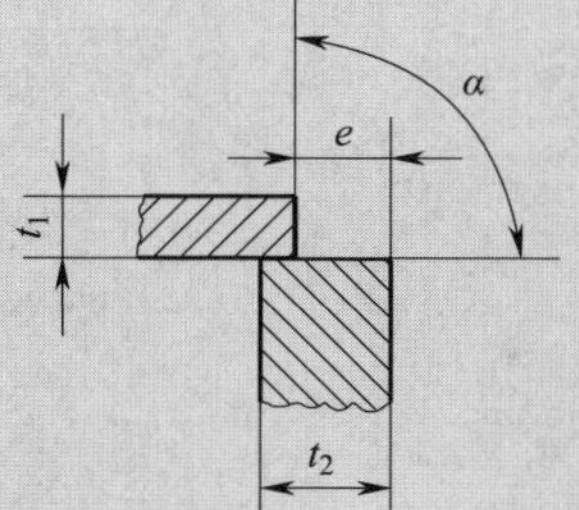	60~120	—	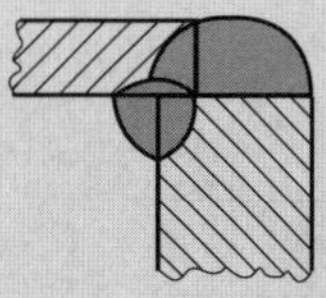

2. 气焊角接接头的反变形

角接接头焊接易产生角变形,如图 1-39 所示。其角变形发生的根本原因是焊缝的横向收缩变形造成的。焊接时,火焰附近高温区金属的热膨胀受到拘束产生的塑性变形当焊缝附近金属开始降温而收缩,而焊缝金属由高温到低温冷却过程中，本身也会产生横向收缩，使角接接头产生角变形 β。

预防角变形的常见措施有刚性固定法和预留反变形法。拘束度不大的结构中可以采用刚性固定法，即采用工装夹具固定被焊试件，强制其不发生变形。预留反变形法，即根据预测的焊接变形大小和方向，在待焊试件装配时留出与焊接残余变形大小相当、方向相反的预变形量（反变形量），焊接后焊接残余变形抵消了预变形量，使试件恢复到所要求的形状和尺寸。接头形式为表1-9中的序号1时，其反变形如图1-40所示，序号为2或3时，其预留的反变形量要进行相应的变化。

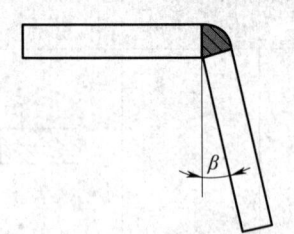

图1-39 角接接头的角变形

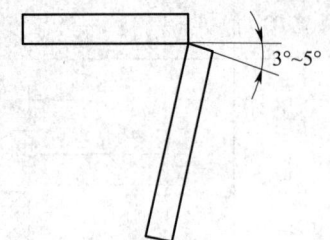

图1-40 角接接头的预留反变形

培训项目二 焊接操作

培训单元1 角接接头气焊的焊接工艺参数及定位焊要求

1. 掌握气焊火焰能率的选用原则。
2. 掌握焊嘴倾角的选用原则。
3. 掌握焊接速度的选用原则。
4. 掌握低碳钢或低合金钢板气焊定位焊位置及点数要求。

一、火焰能率

火焰能率是指单位时间内可燃气体（乙炔）的消耗量，单位为 L/h，表示单位时间内可燃气体所提供的能量。火焰能率随着焊嘴孔径的增加而增加。火焰能率与混合气体气体中氧气和乙炔的比例及混合气流量有关系。流量的粗调通过更换焊炬型号和焊嘴孔径来实现，流量的微调可以通过焊炬上的氧气调节阀和乙炔调节阀来进行。

实际生产中，火焰能率的大小取决于焊件的厚度、接头形式、焊缝空间位置以及母材的热物理性质等。焊件厚度大、熔点高、导热性能好时，则应选择较大火焰能率进行焊接以保证焊透；焊件较薄、熔点低时则应选择较小的火焰能率进行焊接，以防止烧穿。通常为了提高焊接效率，在保证焊接接头性能的前提下，应尽量采用较大的火焰能率。

二、焊嘴倾角

焊嘴中心线与焊件平面之间的夹角称为焊嘴倾角，其大小与焊件的厚度、熔点及导热率有关。焊件越薄、导热性及熔点越低，为了防止烧穿，焊嘴倾角应该越小，反之则越大。

在焊接过程中，焊嘴倾角不是一成不变的，应灵活调整。起焊时，为了快速加热焊件以便快速形成熔池，焊嘴的倾角应大一些；熔池形成后则可适当的减小倾角；到收尾时，为了填满弧坑，又要避免焊缝收尾处过热，故除了减小倾角之外，焊嘴应分别对焊丝与熔池交替加热。焊接过程中焊嘴倾角的变化如图1-41所示。

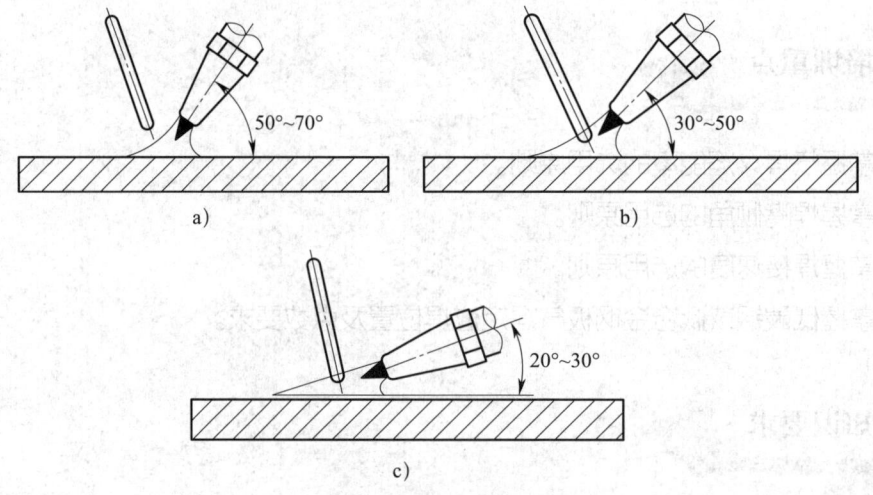

图1-41 气焊过程中焊嘴倾角的变化
a）起焊预热阶段 b）焊接阶段 c）收尾阶段

三、焊接速度

焊接速度对焊接产品的质量有很大的影响，应该依据实际焊接条件及焊工操作熟练程度来确定，在能够保证焊接接头质量的前提下，尽可能提高焊接速度来提高焊接效率。一般情况下，焊接厚度大、熔点高、导热性好的焊件，焊接速度要慢一些，以保证焊透；对于厚度小、熔点低、导热性差的焊件，要增加焊接速度，以避免烧穿焊件或过热而降低焊接接头质量。

四、低碳钢或低合金钢板的定位焊

1. 定位焊位置

为了保证焊件装配的坡口根部间隙及尺寸，在焊接前应对焊件进行定位焊接。薄板（厚度 $t \leqslant 4$ mm）的定位焊缝一般长 5~7 mm，间距为 50~100 mm，应该在试板的中间向两端依次交替进行定位焊接，如图 1-42 所示，定位焊的顺序应该为 A、B、C、D、E。厚板（厚度 $t>4$ mm）的定位焊缝一般长 20~30 mm，间距为 200~300 mm，应该在试板的两端向中间依次交替进行定位焊接，如图 1-43 所示，定位的顺序应该为 A、B、C、D、E。

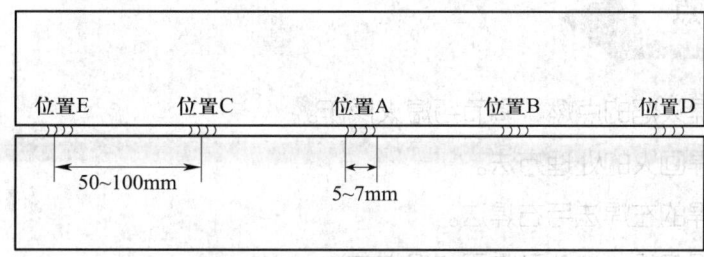

图 1-42 焊接薄板的定位焊顺序

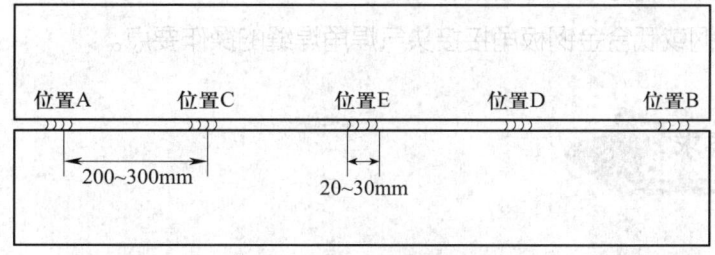

图 1-43 焊接厚板的定位焊顺序

2. 定位焊要求

定位焊的质量直接影响焊缝的质量，它是正式焊缝的组成部分。又因定位焊焊道短、冷却快，容易产生焊接缺欠，若缺欠被其他焊缝所掩盖而未被发现，将造成隐患。定位焊有以下要求。

（1）定位焊使用的焊丝应和正式焊接用的相同，焊前同样进行加工清理。不许使用废弃焊丝或不同型号的焊丝。

（2）施焊的焊接工艺和正式焊缝的相同，由于焊道短、冷却快，火焰能率应比正常火焰能率大 15%~20%。对于厚度大或有淬硬倾向的焊件，应适当预热，以防止定位焊缝开裂，尤其是定位焊焊道收尾时注意填满熔池，防止该处开裂。

（3）定位焊后，将定位焊的焊道两端打磨为陡坡形状，以便焊接过程中熔池过渡，防止未焊透现象。

（4）定位焊缝高度不得超过设计规定焊缝的2/3，在满足装配强度要求的前提下，越小越好。

培训单元2　角接接头气焊的操作方法

1. 掌握气焊火焰的点燃、调节与熄火操作。
2. 掌握气焊回火的处理方法。
3. 掌握气焊的左焊法与右焊法。
4. 掌握气焊起焊、接头及收尾的操作方法。
5. 掌握气焊焊嘴与焊丝的运动方法。
6. 掌握碳钢或低合金钢板角接接头气焊角焊缝的操作要点。

一、气焊火焰的点燃、调节与熄火操作

1. 火焰的点燃

（1）打开氧气瓶阀。缓慢地逆时针转动氧气阀门手柄，如图1-44所示。

（2）检查氧气瓶内的气压是否处于正常值范围内。查看高压表，若氧气压力低于0.2 MPa，则要充气后使用。

（3）开启氧气减压阀门。缓慢地顺时针（从上往下看）转动氧气减压阀开关调节杆，向焊炬输出0.1~0.4 MPa的氧气，如图1-45所示。

（4）检查焊炬的射吸能力。打开乙炔阀和氧气调节阀，当氧气从焊嘴射出时，用手指堵住焊炬上的乙炔进气口，若感到有足够的吸力，则表明焊炬的射吸能力正常，可以使用。

图 1-44 打开氧气瓶阀

图 1-45 开启氧气减压阀

（5）开启乙炔瓶阀，方法同（1）。

（6）检查乙炔瓶内的气压是否在正常值范围内，如压力低于 0.05 MPa，则需充气后使用。

（7）开启乙炔减压阀，调节减压器，输出小于 0.5 MPa 的乙炔气。

（8）检漏。听有无漏气的声音，也可在接头等处涂肥皂水查看是否冒泡，若有气泡则说明漏气，如图 1-46 所示。若燃气泄漏，会有明显气味。

（9）右手持焊距，将拇指置于乙炔开关处，以便随时转动乙炔开关调节乙炔流量；食指置于氧气开关处，以便随时转动氧气开关调节氧气流量，其余 3 指握住焊炬手柄。

（10）打开焊炬的氧气调节阀，输出氧气，如图 1-47 所示。

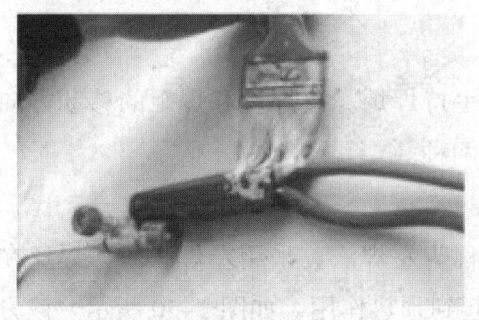
图 1-46 检查是否漏气

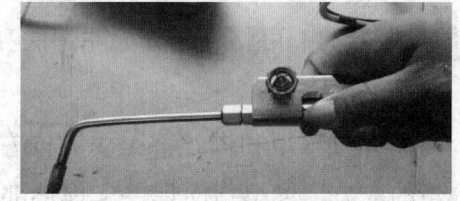
图 1-47 打开氧气调节阀

（11）打开乙炔调节阀，输出乙炔气，如图 1-48 所示。

（12）点火，如图 1-49 所示。

2. 调节火焰

点燃焊嘴喷出气体后，一般为碳化焰，在碳化焰的基础上逐渐增加氧气流量则可以得到中性焰，进一步增加氧气流量可得到氧化焰。

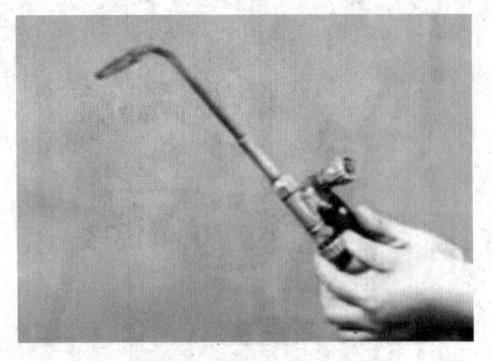
图1-48 打开乙炔调节阀

图1-49 点火

3. 熄火

要先关闭乙炔阀门，再关闭氧气阀门，这样可以防止回火和产生黑烟灰，最后关闭气瓶及减压阀门。

二、回火原因及处理方法

回火的原因是由于混合气体的燃烧速度大于混合气体从喷嘴喷出的速度，导致火焰进入焊嘴逆向燃烧进入焊炬，并且熄灭或在焊嘴重新点燃。若发生回火，应迅速关闭乙炔调节阀，同时关闭氧气调节阀。等回火熄灭后，再打开氧气调节阀，吹除残留在焊炬内的余焰和烟灰，并将焊炬的手柄前部放在水中冷却。

三、气焊的左焊法与右焊法

气焊的操作习惯是左手持填充焊丝，右手持焊炬。按焊丝和焊炬的移动方向（即焊接方向）可将气焊分为左焊法和右焊法两种。

1. 左焊法

气焊时焊炬和焊丝都是由右向左运动，称为左焊法。采用左焊法时，焊丝在焊炬的前方，火焰指向焊件未焊接部位，可起到预热作用，如图1-50所示。该方法焊工能够清晰看到熔池的形貌及变化情况，便于焊工在施焊过程中及时调整火焰能率，可以获得较均匀的焊缝。左焊法操作较简单，易于掌握，适合新手学习，但焊缝金属容易氧化，冷却速度快，热效率低，适用于低熔点和较薄试件的焊接。

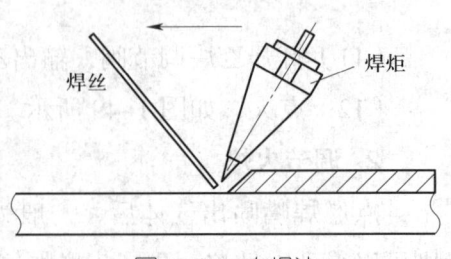
图1-50 左焊法

2. 右焊法

气焊时焊炬和焊丝都是由左向右运动,称为右焊法。采用右焊法时,焊炬在焊丝的前方,火焰指向已焊好的焊缝,火焰可以覆盖整个熔池从而使其不被空气氧化,还能有效降低产生气孔的可能性,如图 1-51 所示。右焊法还可以降低已焊焊缝的冷却速度,有助于改善焊缝组织,而且火焰能量较为集中,火焰能率利用率高,熔深比左焊法高,因此适用于焊接熔点高和较厚的焊件。其缺点是操作不易掌握。

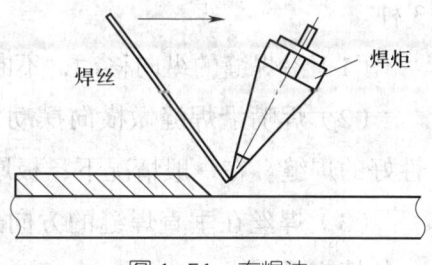

图 1-51 右焊法

四、气焊的起焊、接头及收尾操作技巧

1. 起焊

起焊时,焊件温度较低或者接近环境温度,为了便于形成熔池,并利于对焊件进行预热,焊嘴倾角应大一些,同时在起焊处应使火焰往复运动,保证在焊接处加热均匀。如果两焊件的厚度不相等,火焰应稍微偏向厚件,以使焊缝两侧温度基本相同,熔化一致,熔池刚好在焊缝处。当起点处形成白亮而清晰的熔孔时,即可填入焊丝,并向前移动焊炬进行正常焊接。在施焊过程中应正确掌握火焰的喷射方向,使焊缝两侧的温度始终保持一致,以免熔池不在焊缝正中而偏向温度较高的一侧,凝固后使焊缝成形不均匀。焊接火焰内层焰心的尖端要距离熔池表面 3~5 mm,始终保持熔池的大小、形状不变。

2. 接头

焊接中途停顿后,在焊缝停顿处重新起焊和焊接时,与原焊缝重叠部分称为接头。接头时应使用火焰把已凝固的焊缝重新加热至熔化,形成新的熔池后,再填入焊丝开始焊接,要注意焊丝熔滴应与熔化的原焊缝金属充分熔合。接头时要与焊缝重叠 5~10 mm,在重叠处要注意少加或不加焊丝,以保证接头处焊缝与原焊缝的圆滑过渡。

3. 收尾

收尾时由于焊件温度较高,散热条件差,所以应减小焊嘴的倾角和加快焊接速度,并应多加一些焊丝,以防止熔池面积扩大,避免烧穿。收尾时应注意使火焰抬高并慢慢离开熔池,直至熔池填满后,火焰才能离开。总之,气焊收尾时要遵循焊嘴倾角小、焊接速度提高、填丝快、熔池要饱满的原则。

五、焊嘴与焊丝的运动技巧

焊接时焊嘴和焊丝之间应该均匀、协调运动。焊嘴和焊丝的运动包括以下3种。

（1）沿焊缝的纵向移动，不断地熔化焊件和焊丝形成焊缝。

（2）焊嘴沿焊缝做横向摆动，充分加热焊件使液体金属搅拌均匀，得到致密性好的焊缝。在一般情况下，板厚增加，横向摆动幅度应增大。

（3）焊丝在垂直焊缝的方向送进，并且做上下移动，以调节熔池的热量和焊丝的填充量。

同样，在焊接过程中焊嘴在沿焊缝纵向、横向运动时，还要保持上下运动，以调节熔池的温度。焊丝除前进、上下运动外，当使用熔剂时也要横向运动，以搅拌熔池。

焊嘴和焊丝的摆动方式及幅度与焊件厚度、材质、焊缝的空间位置和焊缝尺寸等因素有关，焊嘴与焊丝的常见摆动方式如图1-52所示。其中图a、b和c所示的方式适用于各种材料较厚和尺寸较大焊件的焊接和堆焊；图d所示的方式适用于各种薄板焊件的焊接；图e的摆动方式适用于右焊法焊接厚度大于3 mm且不开坡口的焊件，也适用于左焊法焊接厚度较大且开坡口的焊件；图f的摆动方式多适用于焊接角焊缝；图g的摆动方式适用于右焊法焊接厚度大于5 mm且开坡口的焊件，此时焊炬几乎不做横向运动，而只沿直线均匀移动，但是焊丝做圆弧形的摆动。

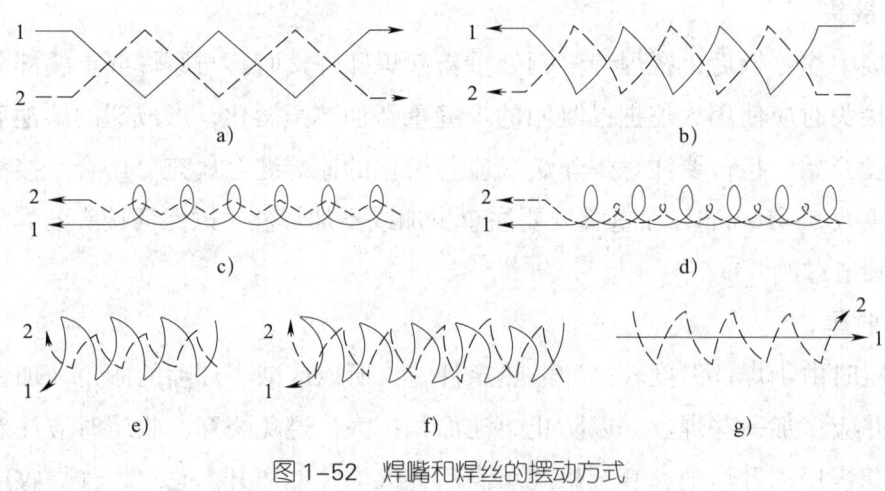

图1-52 焊嘴和焊丝的摆动方式
1—焊嘴 2—焊丝

气焊填丝时，焊工不仅要密切注意熔池的形成情况，而且要将焊丝末端置于外层火焰下进行预热。当焊丝熔滴进入熔池后，要立即将焊丝抬起，让火焰向前移动，形成新的熔池，然后再继续向熔池送入焊丝，如此循环形成焊缝。

为了获得优质的焊接接头，应使熔池的形状和大小始终保持一致。如果所需火焰能率较大、焊接温度高、熔化速度快，这时应使焊丝保持在焰心的前端，使熔化的焊丝熔滴连续加入熔池；如果所需火焰能率较小，熔化速度慢，则填入焊丝的速度也要相应减慢。当使用熔剂焊接时，还应用焊丝搅拌熔池，使熔池中的氧化物和非金属夹杂物浮到熔池表面。当焊接间隙较大或薄壁焊件时，应将火焰焰心直接对着焊丝，利用焊丝抵挡住部分热量，同时焊嘴上下运动，以防止焊缝边缘或熔池前面过早熔化。

技能要求

操作名称：碳钢或低合金钢板角接接头的气焊

操作实施步骤

准备辅助工具 → 准备试件及焊接材料 → 确定焊接方法 → 确定焊接参数 → 试件组对 → 焊接 → 关闭设备

步骤1：准备辅助工具

准备好焊嘴通针、钢丝刷、錾子、手锤、锉刀、活动扳手、钢丝钳、点火枪、焊缝检验尺等。

步骤2：准备试件及焊接材料

（1）试件材料：Q235B 或 Q355B。

（2）试件尺寸及数量：250 mm × 100 mm × 4 mm，两件。

使用角磨机将试件待焊处及附近两侧 20～30 mm 范围内的铁锈、油污、积渣及其他有害物质去除干净，露出金属光泽。

（3）焊接材料：H08MnA 焊丝，直径为 2.0 mm，使用细砂纸打磨焊丝表面，并去除油污。

步骤3：确定焊接方法

采用左焊法焊接。

步骤 4：确定焊接参数

使用 H01-6 型焊炬，3 号焊嘴。火焰选择中性火焰。氧气压力为 0.3 MPa，乙炔压力为 0.03 MPa，共需要焊接 2 层，每层 1 道。

步骤 5：试件组对

按图 1-53 进行试件的定位焊接及组对，预留 3°~5°的反变形，然后进行定位焊接。定位焊接在角接接头施焊面的反侧，定位焊长度为 20 mm，定位焊的焊丝与打底焊相同，为了保证焊透要预留 1~2 mm 的根部间隙，起焊端的间隙要略小于终焊端。

定位焊过程如图 1-54 所示。打开火焰，调至中性焰，加热一块试板的定位焊点，为了防止烧塌，可以适当填入焊丝，如图 1-54a 所示。当其变红后，立即进行加热另外一块试板，如图 1-54b 所示。继续加热并摆动焊炬，使两

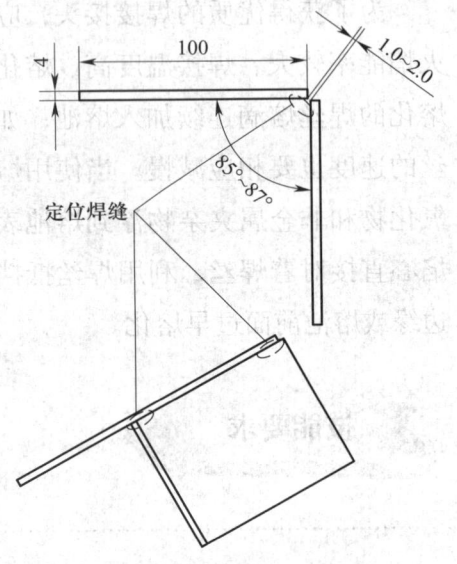

图 1-53 试件组对示意图

块试板有部分金属熔合在一起，如图 1-54c 所示，然后加入焊丝进行定位焊接，如图 1-54d 所示。然后焊接第 2 个定位焊缝。完成定位焊接后，要将始焊端与终焊端的定位焊缝的一端要使用角磨机加工成陡坡形状，以便焊接过程中圆滑过渡。

图 1-54 定位焊接

a) 加热定位焊点　b) 加热另一块试板　c) 继续加热　d) 进行定位焊接

步骤6：焊接

将定位焊后的试件装卡在卡具上，如图1-55所示。

再次打开火焰，调至中性焰，使用左焊法进行打底焊接，采用穿孔焊法来保证根部焊透。在根部间隙较小的一端起焊。首先对工件进行预热，火焰往复运动，焊丝端部也放入火焰中进行预热，直至焊件起焊点形成白亮而清晰的熔池时，再开始焊接。焊接时焊嘴与铅垂

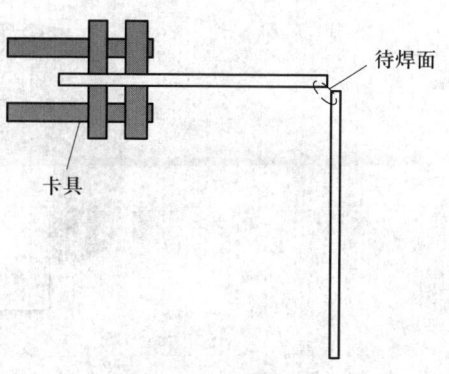

图1-55 试件的装卡

线倾角为45°左右，焊丝与焊嘴夹角为110°，这样易于对中不会焊偏，且能获得较好的焊件背部成形。焊接时，火焰内层的焰心尖端距离熔池表面3~5mm。当熔池形成后，将焊丝熔化的端部送入熔池，注意焊丝要加在熔池的上半部分，焊嘴做螺旋式摆动，利用火焰压力使液体金属吹向焊缝上边缘，使焊缝金属上下均匀。焊炬可在两侧母材的边缘处稍做停顿，使焊缝金属与母材充分熔合，熔滴过渡后立即将焊丝抬起，然后向前移动焊炬，形成新的熔池，再填入焊丝，如此反复形成完整的焊缝。焊接过程中火焰必须始终笼罩熔池和焊丝末端，以免熔化金属与空气接触而被氧化。要注意观察熔孔，使其大小一致，保证焊件背面焊透及成形良好。

如果焊接中途停止，接头时要与原焊缝重合6~8mm，要用火焰充分加热已凝固冷却的焊缝金属，使其熔化并形成新的熔池，填入少量焊丝，要使新进入熔池的熔滴与被熔化的原焊缝金属充分熔合后，再继续焊接。收尾时，要增加焊炬与铅垂线之间的夹角，加快焊接速度，增加焊丝的填入量，可以用温度较低的外焰来保护熔池，直至熔池填满，再慢慢抬起火焰完成焊接。

完成打底焊后，要彻底清理焊缝。盖面焊的起焊，必须待打底层金属熔化后才能向熔池中加入焊丝，其接头方法与打底焊相同，但火焰能率要小一些。焊接过程中，要注意焊嘴的倾角来确保焊缝金属与焊件上、下边缘熔合良好，圆滑过渡，避免产生咬边。

步骤7：关闭设备

先关闭焊炬的乙炔调节阀，再关闭焊炬的氧气调节阀，然后关闭气瓶和减压阀的阀门。

培训项目 三 焊后检查

培训单元1 角接接头表面清理方法

1. 掌握焊后焊缝表面清理目的和方法。
2. 能熟练地进行焊后表面清理操作。

一、焊后表面清理目的

焊后清理包括焊接后层、道间清理以及焊接完成后清理。焊接后层、道间清理主要是为了便于下一层、道的焊接，防止在焊接过程中出现其他缺欠。焊接完成后的清理，是为了便于对焊件进行后续的涂装、热处理或无损检测等工序。对焊缝区域进行彻底清理，要求对焊接附着物（如焊渣、飞溅物等）彻底清除干净。

二、焊后表面清理方法

焊后表面清理的方法与焊前清理的方法类似，主要有机械清理和化学清理。低碳钢或低合金钢板气焊接头主要采用机械清理，可用敲渣锤、钢丝刷和扁铲等工具清理大的飞溅物，但是要注意不能留下剔过的痕迹，以免造成人为缺欠。注意焊缝表面不允许打磨，要保留原始状态。

通常情况下气焊接头没有熔渣，但是如果使用了气焊熔剂则可能会存在熔渣。这时需要敲渣锤和钢丝刷配合使用，先用敲渣锤对焊件表面的渣壳进行敲击清除，烧结粘附在焊件表面的焊渣使用钢丝刷进行深度清理。在使用敲渣锤和钢丝刷的过程中注意佩戴护目镜或焊帽进行防护，防止受到飞溅的焊渣伤害，另外在使用敲渣锤的时候不可用力过猛，不能对焊件表面造成损坏。敲渣锤如图 1-56 所示，钢丝刷如图 1-57 所示。

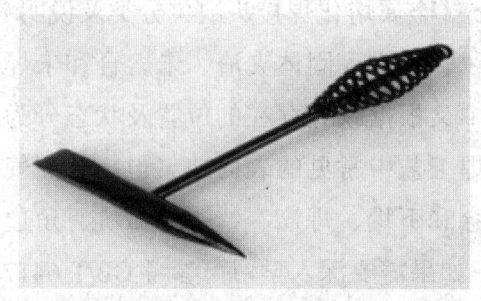

图 1-56　敲渣锤

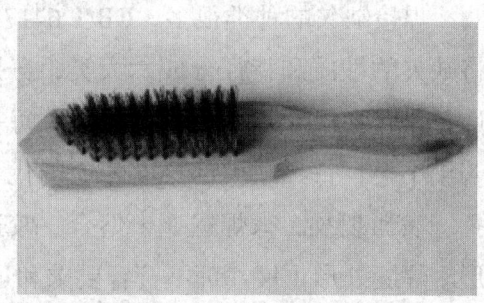

图 1-57　钢丝刷

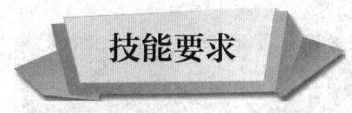

操作名称：角接接头的表面清理

清理方法：首先使用敲渣锤去除焊缝及其周边的飞溅，清理焊缝上飞溅时力度要小些，避免对焊缝造成人为缺欠；然后再使用钢丝刷清理焊缝周边的污物。

培训单元 2　角接接头表面缺欠及外观质量自检

1. 掌握气焊接头表面缺欠种类、产生原因及预防措施。
2. 掌握焊接检验尺的使用方法。

3. 掌握气焊接头外观要求，且能进行自检。

知识要求

一、气焊接头表面缺欠产生原因及预防措施

焊接缺欠的种类很多，GB/T 6417.1—2005《金属熔化焊接头缺欠分类及说明》将缺欠的性质和特征分成六大类，分别为裂纹、孔穴、固体夹渣、未熔合和未焊透、形状和尺寸不良及其他缺欠。每一大类中又根据缺欠存在的位置及状态分为若干小类，每种缺欠都具有相应的代号。气焊工艺中常见的表面缺欠包括表面气孔、表面裂纹、未焊透、未熔合、咬边、烧穿和下塌、焊瘤、错边、弧坑、角边形、焊缝外形（尺寸）不符合要求和过热等。如果需要深入学习可参考 GB/T 6417 系列国家标准和《焊接工程师手册》。

1. 表面气孔

在焊接熔池金属凝固前，熔池中的气泡未能及时逸出而残留在熔池内部所形成的空穴称为气孔，处于焊缝表面的气孔称为表面气孔，如图 1-58 所示。

产生原因：熔池周围的空气、气焊火焰燃烧产生的气体、焊件上杂质受热产生的气体、吸潮后的气焊熔剂受热分解后产生的气

图 1-58 表面气孔

体等都不断地与熔池发生作用，如果在熔池凝固前这些气体来不及逸出，就会在焊缝中形成气孔。

防止措施：在焊前应将坡口两侧 20~30 mm 范围内的油、锈、水及其他污染物清除干净；填加焊丝要均匀，焊嘴的摆动要均匀，使用外焰对熔池进行保护；气焊熔剂要妥善保管，防止受潮；在焊接结束和焊接停顿时，应慢慢撤离焊接火焰，使熔池缓慢冷却，从而使气体充分从熔池中逸出。

气孔在射线探伤底片上的影像呈黑色圆点，也有呈黑长条状的或其他不规则形状的。气孔中心黑度较大，至边缘稍降低。

2. 表面裂纹

在焊接应力及其他致脆因素共同作用下，焊接接头中局部地区的金属原子结

合力遭到破坏而形成新界面所产生的缝隙称为焊接裂纹，焊接裂纹具有尖锐的缺口和大的长宽比特征，如图1-59所示。

产生原因：熔池冷却结晶会受到母材的阻碍，使熔池受到一个拉应力的作用。而熔池金属中的碳、硫、磷等元素和焊件金属会形成低熔点的化合物，这些低熔点的化合物在熔池凝固时仍以液态薄膜形式存在。在拉应力作用下，液态薄膜被破坏，导致热裂纹的产生。钢材的淬硬倾向、残余应力、焊缝金属和热影响区的氢等都是导致焊缝表面产生裂纹的原因，其中氢是形成冷裂纹的重要原因。

防止措施：严格控制母材和焊接材料的碳、硫、磷含量；焊缝的深宽比要适当，以减小拉应力；采取预热和缓冷措施；选择合适的焊接参数，防止冷却过快形成淬硬组织；在气焊前去除坡口两侧和焊丝表面的油、锈、水等污物，气焊溶熔剂在使用前应烘干，以减少焊缝中氢的来源。

底片上裂纹的经典影像是轮廓分明的黑线或黑丝，线有微小的锯齿，有分叉，粗细和黑度有时有变化，有些裂纹影像呈较粗的黑线与较细的黑丝互相缠绕状，线的端部较细，端头前方有时有丝状阴影延伸。

3. 未焊透

焊接时接头根部未完全熔透的现象叫未焊透，如图1-60所示。

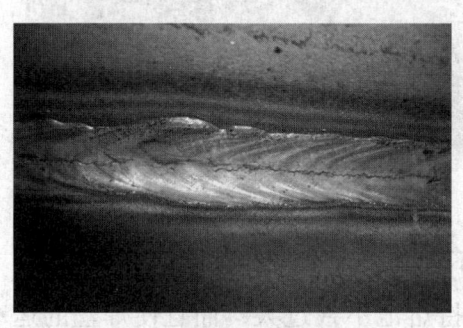

图1-59 表面裂纹

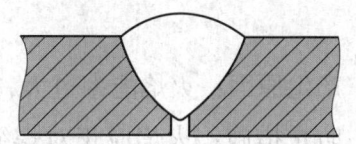

图1-60 未焊透

产生原因：通常焊接接头在气焊前未清理干净，如存在氧化物、油污等；坡口角度过小、接头间隙过大或钝边尺寸过大；火焰能率过小或焊接速度过快，焊件的散热速度过快使得熔池存在的时间短，以致填充金属与母材之间不能充分熔合。

防止措施：根据板厚，正确选用焊嘴和焊丝直径。在焊接时，选择合理的火焰能率和焊接速度，对导热快、散热面积大的焊件要进行焊前预热。

4. 未熔合

焊缝金属与母材金属，或焊缝金属之间未熔化完全结合在一起的缺欠称为未熔合，分为坡口未熔合、根部未熔合及层间未熔合。未熔合是一种面积型缺欠，坡口未熔合和根部未熔合对承载面积的减小都非常明显，应力集中比较严重，危害大，如图1-61所示。

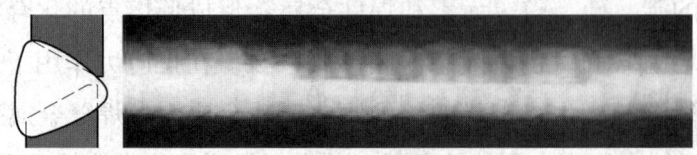

图1-61　未熔合

产生原因：火焰能率过小，焊接速度过快；焊丝与焊炬角度不合适或摆动方式不正确；母材表面有污物或氧化物影响熔敷金属与母材之间的熔化结合。

防止措施：增加火焰能率；将坡口边缘充分熔透；焊接速度均匀，焊炬与焊丝摆动到位；将坡口面和坡口底部边缘污物处理干净。

5. 咬边

沿焊趾的母材部位产生的沟槽或凹陷称为咬边，如图1-62所示。

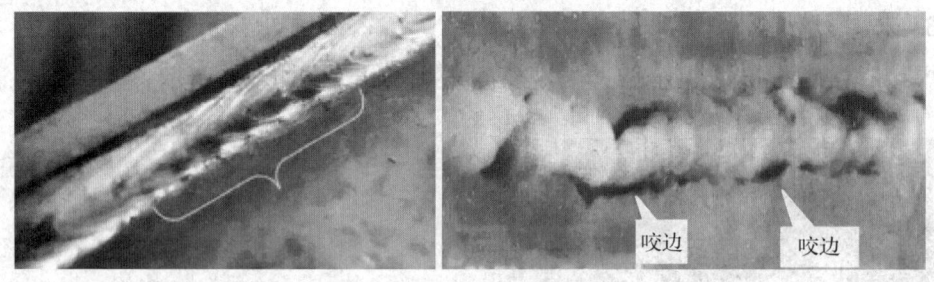

图1-62　咬边

产生原因：火焰能率过大，焊嘴倾角不正确，焊嘴与焊丝摆动不当等。

防止措施：火焰应正对焊缝中心，保持熔池不致过大，而且使焊丝的运动范围达到熔池的边缘就可以有效地防止咬边。

6. 烧穿和下塌

在焊接过程中，熔化金属自坡口背面流出，形成穿孔，如图1-63所示。

产生原因：接头间隙过大或钝边尺寸太小；火焰能率过大；气焊速度太慢。尤其是焊接薄板时容易烧穿。

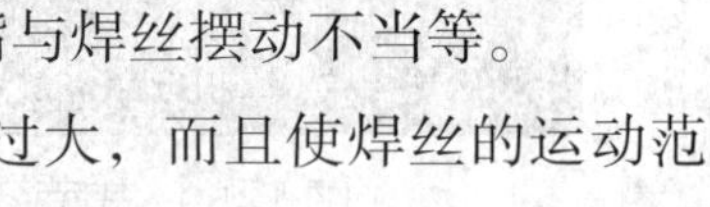

防止措施：选择合理的坡口，坡口角度和间隙不宜过大，钝边不宜过小；火焰能率和焊接速度适当；薄板单面焊时采用加铜衬垫。以上方法可防止

图1-63　烧穿和下塌

熔化金属从背面流出，形成穿孔缺欠。

7. 焊瘤

熔化金属流淌到焊缝之外未熔化的母材上所形成的金属瘤称为焊瘤，如图 1-64 所示。

产生原因：火焰能率太大、焊接速度太慢、焊件装配间隙过大。

防止措施：一般当立焊或仰焊时，应选用比平焊时小的火焰能率；焊件的装配间隙不能太大；焊丝和焊嘴的角度要适当等。

8. 错边

错边是指两个工件在厚度方向上错开一定位置，它既可视作焊缝表面缺欠，又可视作装配成形缺欠，如图 1-65 所示。

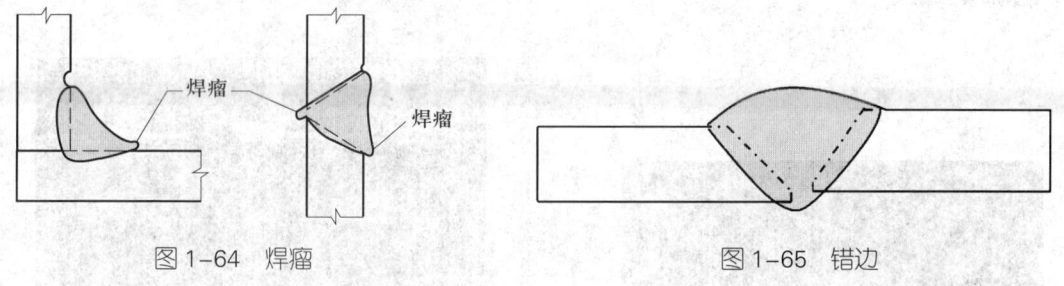

图 1-64 焊瘤　　　　　　　　图 1-65 错边

产生原因：装配不正确。

9. 弧坑

由于火焰熄灭或收弧不当，在焊接末端形成的凹陷部分称为弧坑，如图 1-66 所示。这种凹陷常含有裂纹、缩孔、夹渣等缺欠，因此是一种非常严重的焊接缺欠，焊接时必须避免。

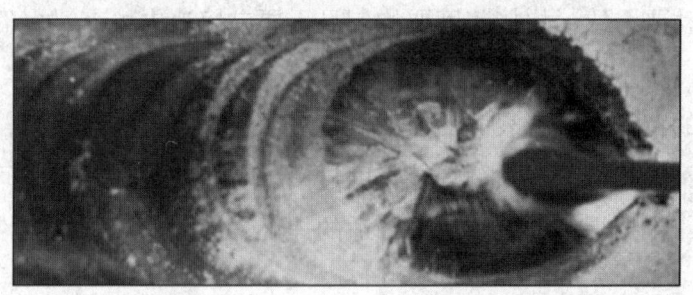

图 1-66 弧坑

产生原因：收弧时焊丝停留时间短，填充金属不够。

防止措施：收弧时，尽量加大填丝量，填满熔池，同时减小焊嘴倾角，火焰要慢慢抬起。

10. 角变形

焊后焊缝区域收缩，使工件发生变形称为角变形。

产生原因：焊接顺序不合理；反变形量未控制好；在一定范围内，热输入增加，则角变形也增加。

防止措施：焊接前预留好变形量；尽量选用角变形较小的 X 形坡口；合理布置焊缝的焊接顺序；对试件进行刚性固定。

11. 焊缝外形、尺寸不符合要求

焊缝尺寸与设计时规定的尺寸不符，或者焊缝成形不良，出现高低、宽窄不一等现象称为焊缝外形、尺寸不符合要求，如图 1-67 的蛇形焊道及图 1-68 的驼峰焊道等。

图 1-67 蛇形焊道

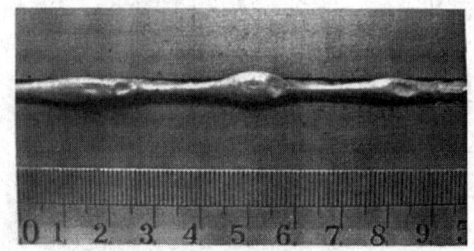

图 1-68 驼峰焊道

产生原因：接头边缘加工不整齐，坡口角度或者装配间隙不恰当；火焰能率过大或过小，焊丝和焊嘴的倾角配合不当；操作技术不当，如焊嘴或焊丝横向摆动不一致，气焊焊接速度不均匀。

防止措施：正确调整火焰能率；将焊件接头边缘调整齐；气焊过程中焊嘴、焊丝的横向摆动要一致；焊接速度要均匀且不要向熔池内填充过多的焊丝。

12. 过热

金属过热的特征是金属表面变黑，氧化皮增多，金属晶粒粗大，金属变脆。

产生原因：火焰能率过大，焊接速度过慢，焊炬在某处停留时间过长。

防止措施：根据焊件的厚度选择合适的焊炬、焊嘴以及采用中性焰等。

二、气焊接头外观尺寸要求

焊缝表面不得有裂纹、未熔合、气孔、焊瘤和未焊透等缺欠。

外形尺寸是气焊质量最基本的要求，主要包括下面几个方面。

1. 气焊焊缝的外形应该均匀、美观且纹路清晰。焊道与基体金属之间应平滑过渡，没有高低不平的现象。

2. 咬边的深度不能超过 0.5 mm，焊缝两侧咬边总长度不得超过焊缝长度的 10%。

3. 当板厚 $T \leq 5$ mm 时，背面凹坑的深度不大于 $25\%T$ 与 1 mm 两者之间的较小值；板厚 $T > 5$ mm 时，背面凹坑的深度不大于 $20\%T$ 与 2 mm 两者之间的较小值；除仰焊位置的板材不做规定外，背面凹坑的总长度不超过焊缝总长度的 10%。

4. 气焊焊缝最大宽度 C_{max} 和最小宽度 C_{min} 的差值，在任意 50 mm 的焊缝长度范围内不得大于 4 mm，整个焊缝长度范围内不得大于 5 mm。

5. 气焊焊缝边缘直线度 f，在任意 300 mm 连续焊缝长度内不得大于 3 mm，焊缝边缘沿焊缝轴向的直线度 f 如图 1-69 所示。

6. 气焊焊缝表面凹凸量，在焊缝任意 25 mm 长度范围内，焊缝余高的差值（$h_{max} - h_{min}$）不得大于 2 mm，如图 1-70 所示。

7. 角变形量不应超过 3°。

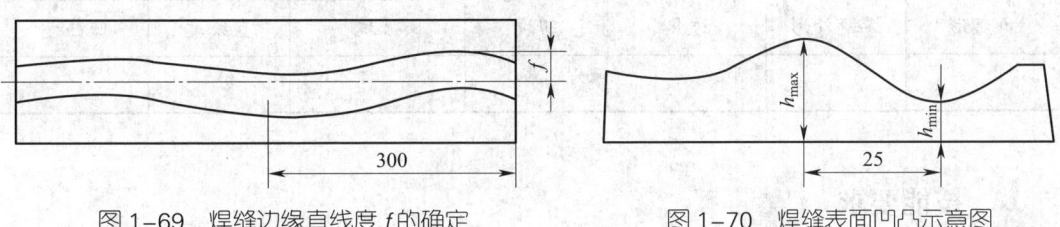

图 1-69　焊缝边缘直线度 f 的确定　　　图 1-70　焊缝表面凹凸示意图

三、焊缝的外观检查方法及工具

直接目视检测：当能够充分靠近，可采用直接的目视检验，并可借助于放大镜之类的工具来协助检验。

间接目视检测：在有些情况下，可能需要用远距离的目视检验来代替直接检验。远距离的目视检验还可以辅以各种反光镜、望远镜、内窥镜、光导纤维、照相机或其他合适的仪器。这些系统的分辨率至少应和直接目视检验相当。

焊缝外观尺寸通过焊接检验尺的不同位置和刻度进行测量，HJC60 型焊接检验尺结构如图 1-71 所示，主要用于侧量焊缝宽度、高度、根部间隙、坡口角度和咬边

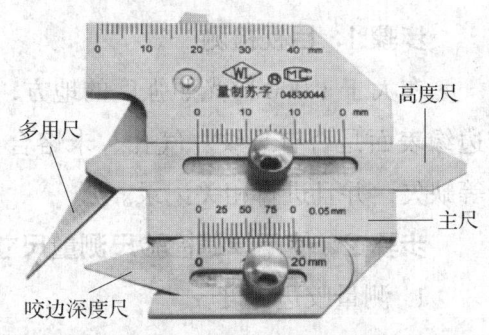

图 1-71　HJC60 型焊接检验尺

深度等。

四、焊接接头外观自检记录表格

焊接接头外观自检记录表格见表1-10。

表1-10 角接接头外观自检记录表格

焊接方法		机械化程度	
试件材质		焊接材料	
试件规格		施焊人	
施焊日期		鉴定项目	
试件外观检查							
表面气孔	表面裂纹	未焊透	未熔合	烧穿和下塌	焊瘤	错边	
角变形	焊缝外形	过热	凹坑	弧坑	直线度	凹凸量	

技能要求

操作名称：角接接头表面缺欠及外观质量自检

操作实施步骤

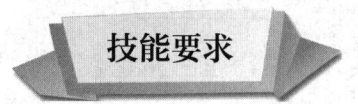

步骤1：目视检测

在大于1 000 lx光照强度的地方，肉眼或利用放大镜观察焊缝，自检焊缝及其边缘表面是否有裂纹、气孔、未熔合、烧穿、咬边、焊瘤、错边、未焊透和弧坑等缺欠，并且进行相关记录。

步骤2：使用焊缝检验尺测量尺寸

1. 测量咬边深度

首先把高度尺调至零点，并拧紧螺钉，然后使用咬边尺测量咬边深度，咬边尺的指示值就是咬边深度，如图1-72所示。

2. 测量焊缝宽度

先用主体尺测量角靠紧焊缝的一边，然后旋转多用尺测量角靠紧焊缝的另一边，多用尺的刻度就是焊缝宽度，如图1-73所示。

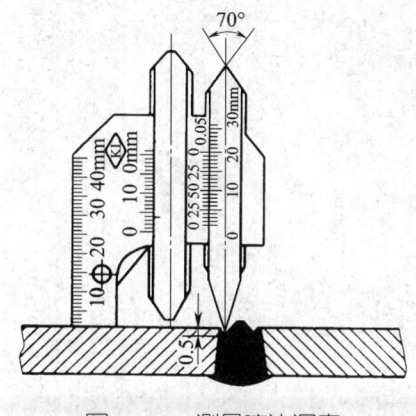

图1-72 测量咬边深度

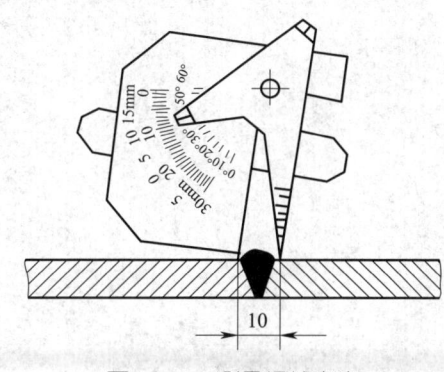

图1-73 测量焊缝宽度

3. 测量焊缝长度

将主尺带有刻度的一侧放置在焊缝长度方向，读取相应的数值即为焊缝长度，如图1-74所示。

4. 测量余高

先把咬边深度尺对准零位，并拧紧螺钉，然后滑动高度尺和焊缝的最高点接触，高度尺的读数就是焊缝余高，如图1-75所示。

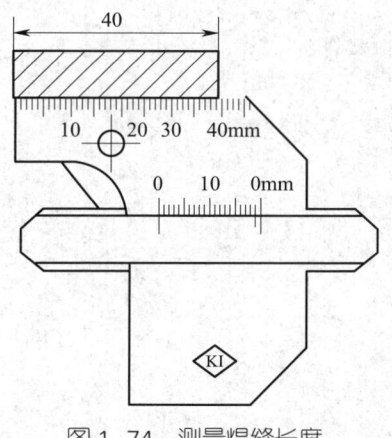

图1-74 测量焊缝长度

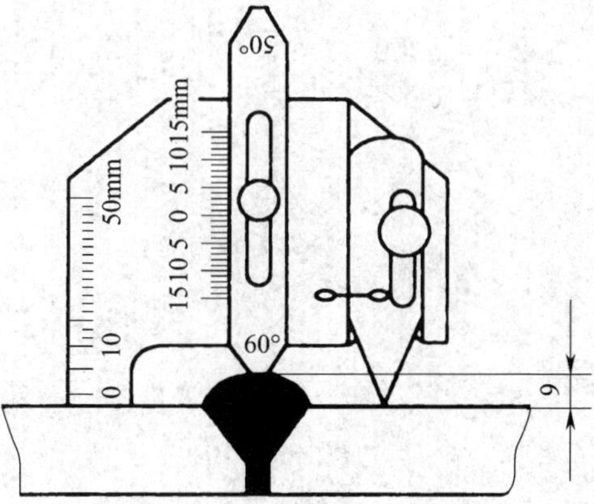

图1-75 测量焊缝余高

职业模块 三
低碳钢或低合金钢板对接平焊气焊

培训项目一 焊前准备

低碳钢或低合金钢板对接平焊气焊的气体、火焰性质、焊炬、焊丝等的选用原则可参考角接接头。

培训单元 对接平焊气焊反变形量的控制

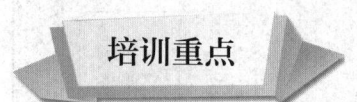

掌握低碳钢或低合金钢板对接平焊气焊焊件的反变形控制方法。

一、气焊对接接头形式

GB/T 985.1—2008《气焊、焊条电弧焊、气体保护焊和高能束焊的推荐坡口》中给出了适用于气焊的对接接头主要形式，见表1-11。

二、气焊对接接头的反变形

对于焊接应力与变形，在进行构件的设计时就给予充分的考虑是非常重要的，这会大大降低构件后续的加工难度并有利于保证构件的质量。焊前措施：合理地选择焊缝的形状和尺寸，焊缝尺寸直接关系到焊接工作量、焊接应力和变

表1-11 适用于气焊的对接接头主要形式

序号	母材厚度 t (mm)	坡口/接头种类	横截面示意图	尺寸 角度 α (°)	尺寸 间隙 b (mm)	尺寸 钝边 c (mm)	焊缝示意图
1	$t \leqslant 2$	卷边坡口		—	—	—	
2	$t \leqslant 4$	I形坡口		—	$\approx t$	—	
3	$3 < t \leqslant 10$	V形坡口		40~60	$\leqslant 4$	$\leqslant 2$	

形的大小。在保证结构承载能力的前提下,应遵循的原则:尽可能使焊缝长度最短;尽可能使板厚小;尽可能使焊脚尺寸小;断续焊缝和连续焊缝相比,优先采用断续焊缝;角焊缝与对接焊缝相比,优先采用角焊缝以及复杂结构最好采用分部组合焊接。

低碳钢或低合金钢板对接平焊气焊焊后角变形如图 1-76 所示,采用夹具对其进行刚性固定是防止角变形的有效方法之一,如图 1-77 所示。在不具有夹具条件时,可以使用预变形法或反变形法,就是预先估计好结构变形大小和方向,在装配时对构件施加一个大小相等、方向相反的反变形与焊接变形相抵消,如图 1-78 所示。

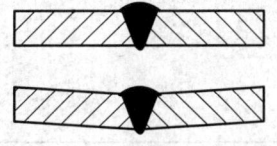

图 1-76 对接平焊焊后角变形

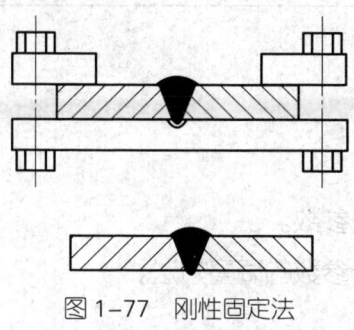

图 1-77 刚性固定法

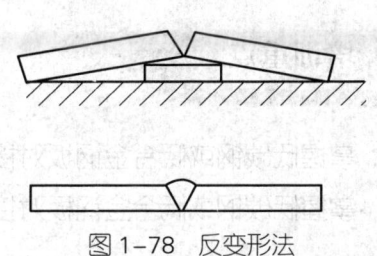

图 1-78 反变形法

培训项目 二

焊接操作

培训单元 1　对接平焊气焊参数的选用

培训重点

1. 掌握低碳钢或低合金钢板对接平焊气焊相关参数。
2. 掌握低碳钢或低合金钢板对接平焊气焊焊接参数的调整方法。

知识要求

气焊低碳钢或低合金钢板的厚度一般不超过 10 mm，其中 1~4 mm 的应用最多。对于一般结构，气焊低碳钢时可采用 H08、H08A 焊丝，对于重要的构件可采用 H08MnA、H15Mn。焊接低合金钢时，则要考虑母材强度、合金烧损、焊接性等因素，因此低合金钢一般采用弧焊进行，但是一些强度低、焊接工艺性好的低合金薄钢板可使用气焊，比如 Q355 钢。气焊 Q355 钢可选用 H08MnA 焊丝，但其火焰能率要比焊接同样厚度、大小的低碳钢减小 1/3 左右，以防止合金烧损严重。

当焊接表 1-11 中序号 1 或 2 接头类型时，焊丝直径可根据板厚来选择；接头类型 3 时，焊丝直径应根据根部间隙和钝边的厚度来选择。

焊接过程中要随时观察熔池的形貌来调整焊接速度、送丝速度、焊嘴倾角、火焰能率和焊嘴高度等参数来保证焊缝成形。如果熔池突然变大，且没有流动金属时，可能导致穿孔，如图 1-79a 所示。这是由于焊炬移动过慢导致，此时应该迅速提起火焰，加快焊接速度，减小焊炬倾角，加大送丝量将穿孔填满，再继续焊接。

如果熔池过小或不能形成熔池，焊丝熔滴不能与焊件完全熔合，而仅仅铺在焊件表面，表明热量不足，这是由于焊炬移动过快造成的，如图 1-79b 所示。此时，应降低焊接速度，增加焊炬倾角，待形成正常熔池后，再向前焊接。

如果熔池内金属被吹出，则说明气体流量过大，或火焰焰心距离熔池过近，如图 1-79c 所示。此时要立即调整火焰能率，或焰心与熔池的距离，再进行焊接。

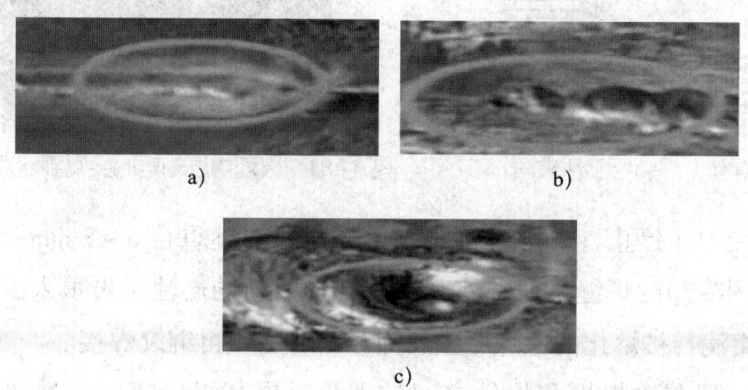

图 1-79　熔池变化导致的焊缝不均匀
a）熔池突然变宽　b）熔池突然变窄　c）熔池金属被吹出

培训单元 2　对接平焊气焊操作要领

能够熟练地进行低碳钢或低合金钢板对接平焊气焊的操作。

钢板的对接平焊气焊一般采用左焊法。起焊时，要对工件进行预热，焊炬倾角应在 50°～70°，火焰往复运动。焊丝端部也放入火焰中进行预热，当焊件起焊点形成白亮而清晰的熔池时，则开始焊接。在熔池形成后，将焊丝熔化的端部送入熔池，熔滴过渡后立即将焊丝抬起，然后向前移动焊炬，形成新的熔池，再填入焊丝，如此反复形成完整的焊缝。焊接时，焊丝、焊嘴与工件的夹角如图 1-80

所示，火焰内层的焰心尖端距离熔池表面 3~5 mm，如图 1-81 所示。焊接过程中，焊炬与焊丝应协调、均匀摆动，摆动方式与幅度和焊件材质、厚度、接头形式及空间位置等有关，火焰必须始终笼罩熔池和焊丝末端，以免熔化金属与空气接触而被氧化。

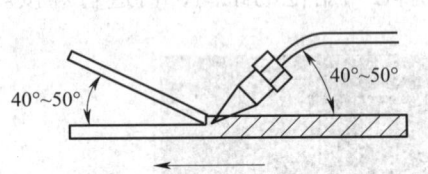 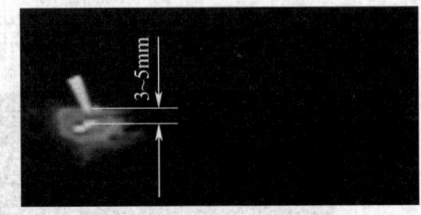

图 1-80　焊丝、焊嘴与工件夹角　　　图 1-81　火焰内层的焰心尖端到熔池表面的距离

如果焊接中途停止，再进行接头焊接时与原焊缝重合 6~8 mm，使用火焰充分加热已凝固冷却的焊缝金属，使其熔化并形成新的熔池，再填入少量焊丝使新进入熔池的熔滴与被熔化的原焊缝金属充分熔合后，再继续焊接。

收尾时，要减少焊炬和焊件之间的夹角，提高焊接速度，增加焊丝的填入量，可以用温度较低的外焰来保护熔池，直至熔池填满，再慢慢抬起火焰完成焊接。

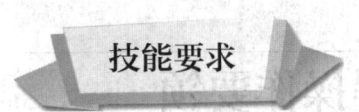

操作名称：低碳钢或低合金钢板对接平焊气焊

操作实施步骤

步骤 1：准备辅助工具

准备好焊嘴通针、钢丝刷、錾子、手锤、锉刀、活动扳手、钢丝钳、点火枪及焊缝检验尺等。

步骤 2：准备试件及焊接材料

（1）试件材料：Q235B 或 Q355B。

（2）试件尺寸及数量：250 mm × 150 mm × 6 mm、无钝边 60°V 形坡口，共 2 件。

使用角磨机将试件待焊处及附近两侧 20~30 mm 范围内的铁锈、油污、积渣及其他有害物质去除干净，露出金属光泽。使用锉刀或角磨机修整坡口钝边，使钝边尺寸在 0~1.5 mm。

（3）焊接材料：H08MnA 焊丝，直径为 2.0 mm，使用细砂纸打磨焊丝表面，去除油污。

步骤 3：确定焊接参数

使用 H01-6 型焊炬，3 号焊嘴，选择中性火焰。氧气压力为 0.3 MPa，乙炔压力为 0.03 MPa，焊接 3 层，每层 1 道。

步骤 4：确定焊接方法

采用左焊法焊接。

步骤 5：试件组对

按图 1-82 所示进行试件的定位焊接及组对。首先将打磨好的试件放置在操作台上，坡口背部朝上，用钢直尺检查两块试件的错边量，两端错边量均不应大于 0.5 mm。将始焊端间隙 b_1 调整为 2 mm，终焊端间隙 b_2 调整为 2.5 mm。然后进行定位焊接，始焊端定位焊缝长度为 20 mm，终焊端定位焊长度为 25 mm，定位焊缝高度不能大于 3 mm，始焊端及终焊端的定位焊缝的一端要使用角磨机加工成陡坡形状，以便焊接过程中圆滑过渡。再一次检查错边量，如超过要求值则应该使用角磨机磨掉定位焊缝并重新进行定位焊。

定位焊后，将试件坡口向下轻轻敲击，一边敲击一边检查，要预制 3°~5° 的反变形，反变形量为 4~6 mm，如图 1-83 所示。根据经验，可用一根直径为 4 mm 的焊条横放在定位焊后的试件上，其中最大弦高为 4~6 mm（一根直径为 4 mm 的焊条正好可以插进去）即可。

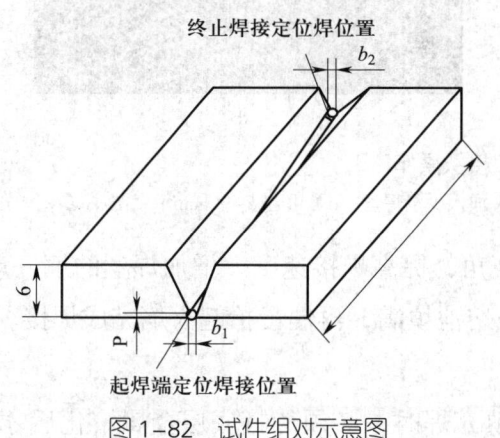

图 1-82　试件组对示意图

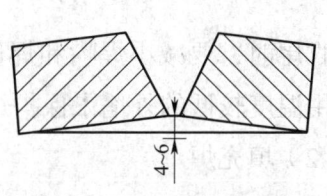

图 1-83　反变形示意图

步骤6：焊接

（1）打底焊

将组对好的试件水平放置在操作台上，打底焊要保证焊透，在焊接过程中金属熔池的前端始终保持一个小熔孔。在根部间隙小的一端起焊，首先要对工件进行预热，焊嘴倾角应在50°~70°，火焰往复运动。焊丝端部也放入火焰中进行预热，当焊件起焊点形成白亮而清晰的熔池时开始焊接。在熔池形成后，将焊丝熔化的端部送入熔池，熔滴过渡后立即将焊丝抬起，然后向前移动焊炬，形成新的熔池再填入焊丝，如此反复形成完整的焊缝。焊接时要保持焊丝与试件的夹角不变，火焰内层的焰心尖端距离熔池表面3~5 mm。

如果焊接中途停止，接头时要用火焰充分加热已凝固冷却的焊缝金属，使其熔化并形成新的熔池，才能填入少量焊丝。当新进入熔池的熔滴与被熔化的原焊缝金属充分熔合后，再继续焊接。接头过程如图1-84所示。

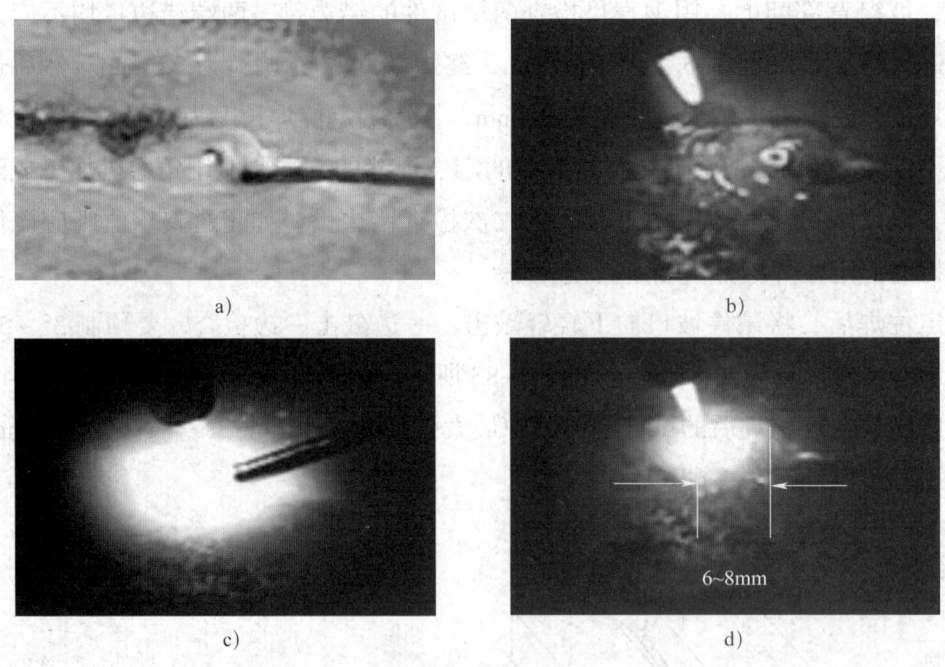

图1-84 接头操作

a）终止焊接的焊缝　b）熔化原焊缝　c）加入少量焊丝　d）重合6~8 mm示意图

收尾时，要减小焊嘴和焊件之间的夹角，提高焊接速度，增加焊丝的填入量，可以用温度较低的外焰来保护熔池，直至熔池填满，再慢慢抬起火焰完成焊接。

（2）填充焊

完成打底焊后，要彻底清理焊缝。填充焊时，必须待打底层金属熔化后才能向熔池中加入焊丝。其接头方法与打底焊相同，填充层应该比母材低 1~1.5 mm，以便盖面时能够看清坡口的边缘，保证盖面焊的顺利进行。

（3）盖面焊

盖面层的清理与填充层一致。盖面焊时，必须待填充层金属熔化后才能向熔池中加入焊丝。其接头方法与打底焊相同，但火焰能率要小一些，并控制好焊嘴的摆动幅度，使坡口边缘的母材熔化 1~2 mm，要圆滑过渡防止出现咬边缺欠。

步骤 7：关闭设备

先关闭焊炬的乙炔调节阀，再关闭焊炬的氧气调节阀，最后关闭气瓶和减压阀的阀门。

培训项目 三

焊后检查

掌握低碳钢或低合金钢板对接平焊气焊接头外观质量自检方法。

一、气焊接头外观尺寸要求

焊缝表面不得有裂纹、未熔合、气孔、焊瘤和未焊透等缺欠。

外形尺寸是气焊质量最基本的要求,主要包括下面几个方面。

1. 气焊焊缝的外形应均匀、美观且纹路清晰。焊道与基体金属之间应平滑过渡,没有高低不平的现象。

2. 咬边的深度不能超过 0.5 mm,焊缝两侧咬边总长度不得超过焊缝长度的 10%。

3. 当板厚 $T \leqslant 5$ mm 时,背面凹坑的深度不大于 $25\%T$ 与 1 mm 两者之间的较小值;板厚 $T > 5$ mm 时,背面凹坑的深度不大于 $20\%T$ 与 2 mm 两者之间的较小值;除仰焊位置的板材不做规定外,背面凹坑的总长度不超过焊缝总长度的 10%。

4. 气焊焊缝最大宽度 C_{max} 和最小宽度 C_{min} 的差值,在任意 50 mm 的焊缝长度范围内不得大于 4 mm,整个焊缝长度范围内不得大于 5 mm。

5. 气焊焊缝边缘直线度 f 在任意 300 mm 连续焊缝长度内不得大于 3 mm。

6. 气焊焊缝表面凹凸量,在焊缝任意 25 mm 长度范围内,焊缝余高的差值

（$h_{max}-h_{min}$）不得大于 2 mm。

7. 角变形量不应超过 3°。

8. 错边量不得大于 10%T 与 2 mm 两者之间的较小值。

二、焊缝的外观检查方法

直接目视检测：当能够充分靠近，可采用直接的目视检验，也可借助于放大镜之类的工具来进行检验。

间接目视检测：在有些情况下，可能需要用远距离的目视检验来代替直接检验。远距离的目视检验还可以辅以各种反光镜、望远镜、内窥镜、光导纤维、照相机或其他合适的仪器。这些系统的分辨率至少应和直接目视检验相当。

焊缝外观尺寸通过焊接检验尺的不同位置和刻度进行测量焊缝。

三、焊接接头外观自检记录表格

焊接接头外观自检记录表格见表 1-12。

表 1-12 对接平焊气焊接头外观自检记录表格

焊接方法		机械化程度	
试件材质		焊接材料	
试件规格		施焊人	
施焊日期		鉴定项目	
试件外观检查			

表面气孔	表面裂纹	未焊透	未熔合	烧穿和下塌	焊瘤	错边
角变形	焊缝外形	过热	凹坑	弧坑	直线度	凹凸量

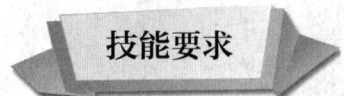

操作名称：低碳钢或低合金钢板对接平焊气焊接头表面缺欠及外观质量自检

操作实施步骤

目视检测 ➡ 使用焊缝检验尺测量尺寸

步骤1：目视检测

在大于 1 000 lx 光照强度的地方，肉眼或利用放大镜观察焊缝，自检焊缝及其边缘表面是否有裂纹、气孔、未熔合、烧穿、咬边、焊瘤、错边、未焊透和弧坑等缺欠，并且进行相关记录。

步骤2：使用焊缝检验尺测量尺寸

焊缝检验尺的使用方法见低碳钢或低合金钢板角接接头气焊的焊后检查。另外，对接接头还应该使用焊缝检验尺测量错边量，将主尺与一边母材对齐，滑动高度尺与另一母材对齐，高度尺上的读数就是错边量，如图1-85所示。

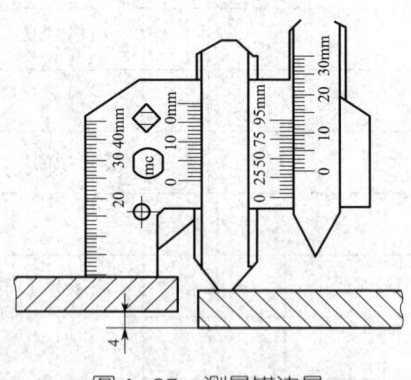

图 1-85 测量错边量

职业模块 四
低碳钢或低合金钢板 T 形接头气焊

培训项目一 焊前准备

低碳钢或低合金钢板 T 形接头气焊的气体、火焰性质、焊炬、焊丝等的选用原则可参考角接接头。

培训单元 T 形接头气焊反变形量的控制

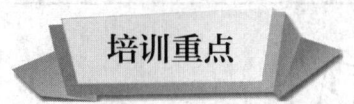

掌握低碳钢或低合金钢板 T 形接头气焊的反变形控制方法。

一、适用于气焊的 T 形接头形式

GB/T 985.1—2008《气焊、焊条电弧焊、气体保护焊和高能束焊的推荐坡口》中给出了适用于气焊的 T 形接头形式，见表 1-13。

二、气焊 T 型接头的反变形

T 形接头是指一件端面与另一件表面构成直角或近似直角的接头。其焊接变形主要是角变形，如图 1-86 所示，其变形情况与角接接头相似，可采用刚性固定法或反变形法来确保焊后角变形符合相关标准规范要求，如图 1-87 所示。

表 1-13 适用于气焊的 T 形接头形式

序号	母材厚度 t（mm）	横截面示意图	尺寸		焊缝示意图
			角度 α（°）	间隙 b（mm）	
1	$t_1>2$ $t_2>2$		70~100	≤2	
2	$2 \leq t_1 \leq 4$ $2 \leq t_2 \leq 4$		—	≤2	
	$t_1>4$ $t_2>4$		—	—	

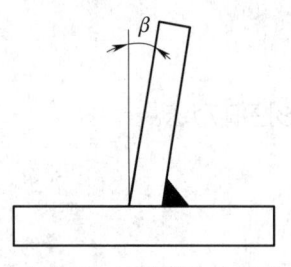
图 1-86 T 形接头角变形

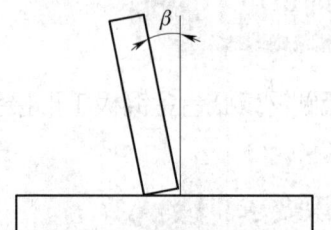
图 1-87 T 形接头反变形

培训项目 二 焊接操作

培训单元 1　T形接头气焊参数的选用

掌握低碳钢或低合金钢板T形接头气焊参数。

T形接头最主要的是焊缝厚度、焊脚尺寸等要求。一般焊脚尺寸随着焊件厚度的增加而增大，焊脚尺寸与焊件厚度的关系见表1-14。因此，气焊T形接头时，焊接参数不仅要能够保证焊缝不出现缺欠，而且要相应调整根部立板与底板的厚度来确保焊角尺寸，从而保证T形接头的承载能力。

表 1-14　焊脚尺寸与焊件厚度的关系　　　　　　　　　　　mm

焊件厚度	$2 \leqslant t<3$	$3 \leqslant t<6$	$6 \leqslant t<9$	$9 \leqslant t<12$	$12 \leqslant t<16$	$16 \leqslant t<23$
最小焊脚尺寸	2	3	4	5	6	8

培训单元 2　T形接头气焊操作要领

熟练进行低碳钢或低合金钢板T形接头气焊的操作。

焊接T形接头平角焊时，底板的散热要比立板快一些，升温较慢。熔池金属在重力的作用下容易下淌，会在立板处产生咬边和焊脚尺寸不等两种缺欠。所以，焊接前应先加热起焊处的平板，焊嘴与平板的夹角可为80°～90°。当平板被加热至暗红色时，再将火焰转向立板。等待形成熔池后，加入焊丝。

焊接时，焊嘴和平板之间的角度应减小至40°～50°，焊丝与焊嘴的夹角保持在105°～115°之间。焊嘴与立板夹角应适当保持在30°左右，为了遮挡立板上熔化金属的下淌和阻挡一部分火焰热量直接作用在立板上，焊丝与立板之间的夹角可为20°左右，焊丝要加在熔池的上半部分，如图1-88所示。焊接时，火焰要做螺旋式摆动，利用火焰压力使液体金属吹向焊缝上边缘，使焊缝金属上下均匀。

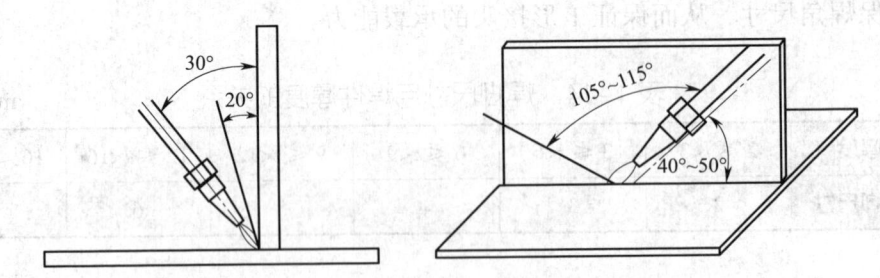

图1-88　T形接头角焊缝横焊焊嘴及焊丝与试件的夹角

操作名称：低碳钢或低合金钢板T形接头气焊

操作实施步骤

步骤1：准备辅助工具

准备好焊嘴通针、钢丝刷、錾子、手锤、锉刀、活动扳手、钢丝钳、点火枪、焊缝检验尺等。

步骤2：准备试件及焊接材料

（1）试件材料：Q235B 或 Q355B。

（2）试件尺寸及数量：250 mm × 100 mm × 6 mm，共两件。

使用角磨机将试件待焊处及附近两侧 20～30 mm 范围内的铁锈、油污、积渣及其他有害物质去除干净，漏出金属光泽。

（3）焊接材料：H08MnA 焊丝，直径为 2.0 mm，使用细砂纸打磨焊丝表面，去除油污。

步骤3：确定焊接参数

使用 H01-6 型焊炬，3 号焊嘴。火焰选择中性火焰。氧气压力为 0.3 MPa，乙炔压力为 0.03 MPa，共需要焊接 2 层 2 道。

步骤4：确定焊接方法

采用左焊法焊接。

步骤5：试件组对

按图 1-89 所示进行试件的定位焊接及组对。首先将打磨好的试件放置在操作台上，立板放置在底板的正中间部位，可使用直角尺来确保立板和底板垂直。然后在待焊侧的背面进行定位焊接，始焊端定位焊缝长度约为 20 mm，终焊端定位焊长度为 25 mm，始焊端的根部间隙要略大于终焊端。最后轻轻敲击立板，做好反变形。

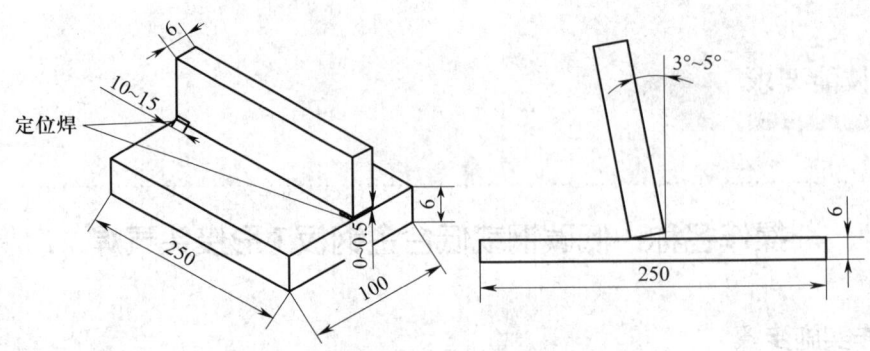

图 1-89 试件组对及反变形示意图

步骤 6：焊接

焊接前应先加热起焊处的平板，焊嘴与平板的夹角可为 80°~90°。当平板被加热至暗红色时，再将火焰转向立板。等待形成熔池后，加入焊丝。

焊接时，焊嘴和平板应减小至 40°~50°，焊丝与焊嘴的夹角保持在 105°~115°。焊嘴与立板夹角应适当保持在 30° 左右，为了遮挡立板上熔化金属的下淌和阻挡一部分火焰热量直接作用在立板上，焊丝与立板之间的夹角可为 20° 左右，焊丝要加在熔池的上半部分。焊接时火焰要做螺旋式摆动，利用火焰压力使液体金属吹向焊缝上边缘，使焊缝金属上下均匀。

如果焊接中途停止，接头时与原焊缝重合 6~8 mm，使用火焰充分加热已凝固冷却的焊缝金属，使其熔化并形成新的熔池，再填入少量焊丝，要使新进入熔池的熔滴与被熔化的原焊缝金属充分熔合后，再继续焊接。

收尾时，要减少焊炬和焊件之间的夹角，加快焊接速度，增加焊丝的填入量，可以用温度较低的外焰来保护熔池，直至熔池填满，再慢慢抬起火焰，完成焊接。

焊完第 1 层后，要彻底清理焊缝。焊接第 2 层时，必须待打底层金属熔化后才能向熔池中加入焊丝。其接头及收尾方法与打底焊相同。

步骤 7：关闭设备

先关闭焊炬的乙炔调节阀，再关闭焊炬的氧气调节阀，然后关闭气瓶和减压阀的阀门。

培训项目 三

焊后检查

能对低碳钢或低合金钢板气焊T形接头进行外观质量自检。

一、气焊接头外观尺寸要求

焊缝表面不得有裂纹、未熔合、气孔、焊瘤和未焊透等缺欠。

外形尺寸是气焊质量最基本的要求,主要包括下面几个方面。

1. 气焊焊缝的外形应该均匀、美观且纹路清晰。焊道与基体金属之间应平滑过渡,没有高低不平的现象。

2. 咬边的深度不能超过0.5 mm,焊缝两侧咬边总长度不得超过焊缝长度的10%。

3. 气焊焊缝最大宽度 C_{max} 和最小宽度 C_{min} 的差值,在任意 50 mm 的焊缝长度范围内不得大于 4 mm,整个焊缝长度范围内不得大于 5 mm。

4. 气焊焊缝表面凹凸量,在焊缝任意 25 mm 长度范围内,焊缝余高的差值($h_{max}-h_{min}$)不得大于 2 mm。

5. 角变形量不应超过3°。

6. 气焊角焊缝的焊脚尺寸 K 值由设计或有关技术文件注明,其焊脚尺寸 K 值的偏差应符合表 1-15 的规定。两焊脚的长度差不应超过 3 mm。

表1-15 焊脚尺寸 K 值的偏差　　　　　　　　　　　　mm

焊接方法	尺寸偏差	
	$K \leq 12$	$K \geq 12$
氧乙炔火焰焊	+3	+4

二、焊缝的外观检查方法

直接目视检测：当能够充分靠近，可采用直接的目视检验，并可借助于放大镜之类的工具来协助检验。

间接目视检测：在有些情况下，可能需要用远距离的目视检验来代替直接检验。远距离的目视检验还可以辅以各种反光镜、望远镜、内窥镜、光导纤维、照相机或其他合适的仪器。这些系统的分辨率至少应和直接目视检验相当。

焊缝外观尺寸通过焊接检验尺的不同位置和刻度进行测量焊缝。

三、焊接接头外观自检记录表格

焊接接头外观自检记录表格见表1-16。

表1-16 T形接头气焊外观自检记录表格

焊接方法		机械化程度	
试件材质		焊接材料	
试件规格		施焊人	
施焊日期		鉴定项目	
试件外观检查			

表面气孔	表面裂纹	未焊透	未熔合	烧穿和下塌	焊瘤	错边	角变形
焊缝外形	过热	凹坑	弧坑	直线度	凹凸量	焊脚厚度	焊脚尺寸差

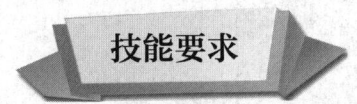

技能要求

操作名称：低碳钢或低合金钢板气焊T形接头表面缺欠及外观质量自检

操作实施步骤

目视检测 ➡ 使用焊缝检验尺测量尺寸

步骤1：目视检测

在大于1 000 lx光照强度的地方，肉眼或利用放大镜观察焊缝，自检焊缝及其边缘表面是否有裂纹、气孔、未熔合、烧穿、咬边、焊瘤、错边、未焊透和弧坑等缺欠，并且进行相关记录。

步骤2：使用焊缝检验尺测量尺寸

焊缝检验尺测量焊缝宽度、咬边深度、焊缝余高、焊缝长度的使用方法见低碳钢或低合金钢板角接接头气焊的焊后检查。

1. 测量角焊缝的焊脚高度

主体尺的工作面紧靠工件和焊点，并滑动高度尺与工件的另一边缘接触，高度尺的读数就是角焊缝的焊脚高度，如图1-90所示。

2. 测量角焊缝的厚度

将主体尺的工作面与工件紧靠，并滑动高度尺与焊缝最高点接触，高度尺的读数就是焊缝厚度，如图1-91所示。

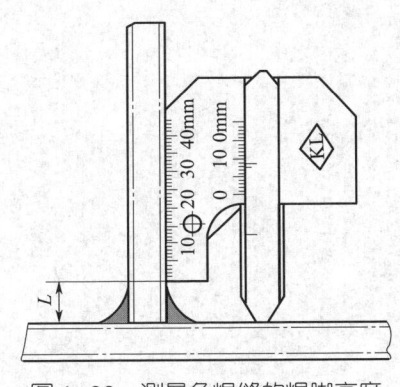

图1-90 测量角焊缝的焊脚高度

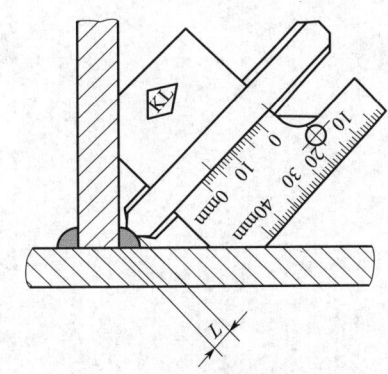

图1-91 测量角焊缝的厚度

第二篇 中级工

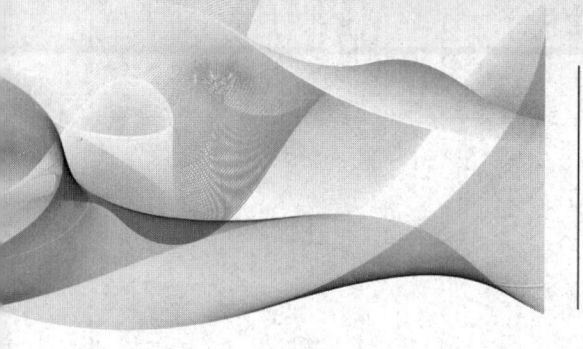

职业模块 一
铝及铝合金板气焊

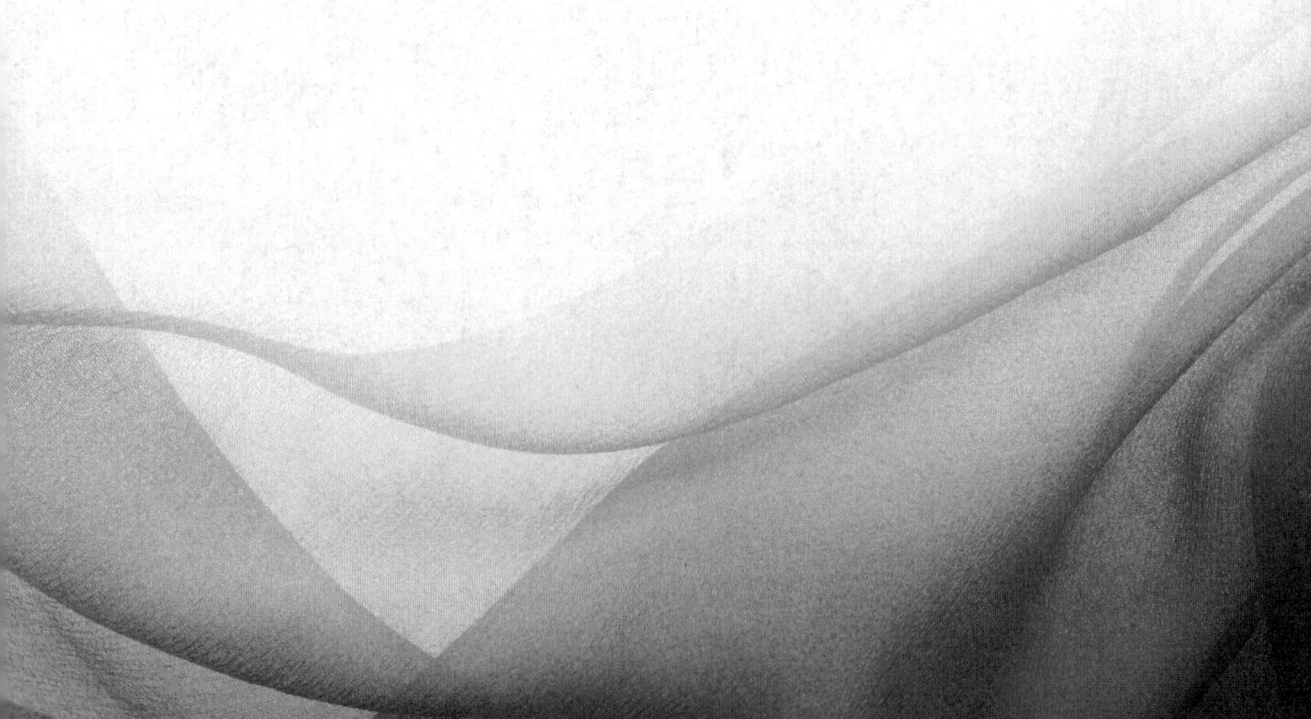

培训项目一 焊前准备

培训单元1 铝及铝合金板气焊工件及焊丝的清理

掌握铝及铝合金板气焊工件、焊丝的清理方法。

一、铝及铝合金板和气焊用焊丝清理的目的

铝及铝合金板的表面都存在一层氧化膜和油污。氧化铝薄膜的熔点高,阻碍了焊缝金属的熔合,油污在高温时又能被铝所吸收,从而影响焊缝金属的强度和焊接质量。所以在焊接前,必须将氧化膜和油污去除掉。

二、铝及铝合金板和气焊用焊丝清理的方法

在实际生产中常采用机械清理或化学清理两种方法进行清理。

1. 机械清理

对于尺寸较大的工件常采用机械清理,先用有机溶剂(汽油、酒精)或松香擦拭工件表面以去除油污,随后用不锈钢材质的细丝刷清理掉氧化层,直至露出金属光泽为止。

2. 化学清理

化学清理效率高，质量稳定，适用于清理焊丝及尺寸不大、成批生产的焊件。常用的清洗剂及清洗工艺如下：先用汽油等有机溶剂浸泡，再用热水清洗，然后使用 40~70 ℃ 的 5%~10% 氢氧化钠溶液碱洗 3~7 min（纯铝时间稍长，但不超过 20 min），然后流动清水冲洗，接着用 30% 硝酸溶液酸洗 1~3 min，流动清水冲洗干净，再风干或低温干燥。

经上述方法清理的焊件和焊丝不应搁置时间太久，清理完毕至焊接前最多不超过 1 天，潮湿环境下则不能超过 4 h，否则必须重新清理。

技能要求

操作名称：铝及铝合金气焊工件及焊丝清理

操作实施步骤

步骤 1：清理工件

焊前，清理坡口及其两侧 20 mm 范围内的氧化层和油污等。

（1）先用酒精等有机溶剂清除油污。

（2）然后用不锈钢钢丝刷或刮刀（不宜选用砂轮或普通砂纸）清除工件表面的氧化膜，直到露出金属光泽为止。

步骤 2：清理焊丝

（1）先用有机溶剂去油，并用热水清洗。

（2）再用 40~70 ℃ 的 5%~10% 氢氧化钠溶液碱洗 3~7 min（纯铝时间稍长，但不超过 20 min）。

（3）然后流动清水冲洗。

（4）接着用 30% 硝酸溶液酸洗 1~3 min，流动清水冲洗干净，再风干或低温干燥。

经上述方法清理的焊件和焊丝不应搁置时间太久，清理完毕至焊接前最多不超过 1 天，潮湿环境下则不能超过 4 h，否则必须重新清理。

培训单元 2 铝及铝合金板气焊试件的组对

1. 掌握铝及铝合金板气焊的接头形式。
2. 掌握铝及铝合金板气焊的坡口形式。
3. 掌握铝及铝合金板气焊的组对与定位焊方法。

一、铝及铝合金板气焊接头形式

铝及铝合金板气焊时,一般不宜采用搭接接头和丁字接头,因为这些接头在气焊时易于残留熔剂和焊渣,引起工件腐蚀。薄铝板(板厚在 3~5 mm)的接头形式,如图 2-1 所示。对于简单的对接焊缝,可以留斜角形间隙,如图 2-2 所示。在图 2-2 中,间隙 $a_2=a_1+(0.01~0.02)$(a_1 约为 1 mm)。

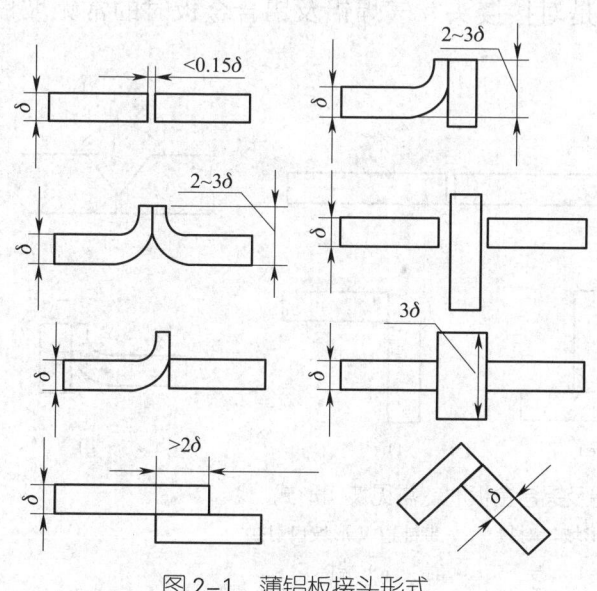

图 2-1 薄铝板接头形式

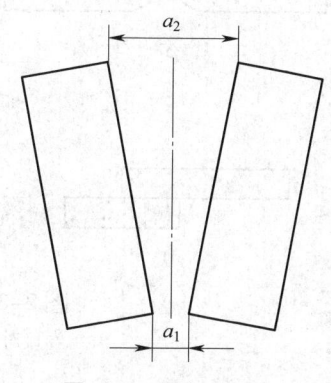

图 2-2 斜角形间隙

板厚在 1.5~2 mm 时，可用卷边接头。在卷边焊时，背面必须焊透、焊匀，如果背面有坑，则容易残留熔剂和焊渣。

二、常见的铝及铝合金板的坡口形式

用焊接方法连接的接头即为焊接接头，焊接接头包括焊缝、熔合区和热影响区。根据设计和工艺的需要，焊接时在焊接工件的待焊部位加工的具有一定几何形状的沟槽称为坡口。气焊焊接坡口的最基本型式有不开坡口、I 形坡口、V 形坡口、U 形型坡口及 X 形坡口等。选择哪种坡口形式一般与接头类型、板厚及被焊金属材料有关。相同板厚时，X 形坡口的熔敷金属量小于 V 形坡口，随着板厚增加，两者熔敷金属量的差异也越大，所以焊接厚度较大的工件时，可优先选用 X 形坡口。同时，X 形坡口双面施焊，即采用对称交替焊法，可使工件的变形相互抵消，能够更好地控制焊接变形。但是，对于 X 形坡口的焊接，工件必须能够翻转或采用仰焊的方法才能完成背面焊缝的焊接，因而在操作上给焊接带来一定的难度。当坡口的形式选择不合理时，对焊接质量的影响表现为：使母材在焊缝金属中的比例不当，引起焊接接头的力学性能变差；不合理的坡口形式，容易造成焊缝夹渣、未焊透和应力集中等缺欠，甚至使焊缝金属脆化，产生裂纹。

常用的气焊焊接接头有卷边接头、对接接头、搭接接头、角接接头及 T 形接头。焊接接头的类型取决于焊件的结构形式、焊件材料、焊件厚度、强度要求和施工条件等，一般气焊时接头类型是对接接头。气焊铝及铝合金板时的常见坡口形式如图 2-3 所示。

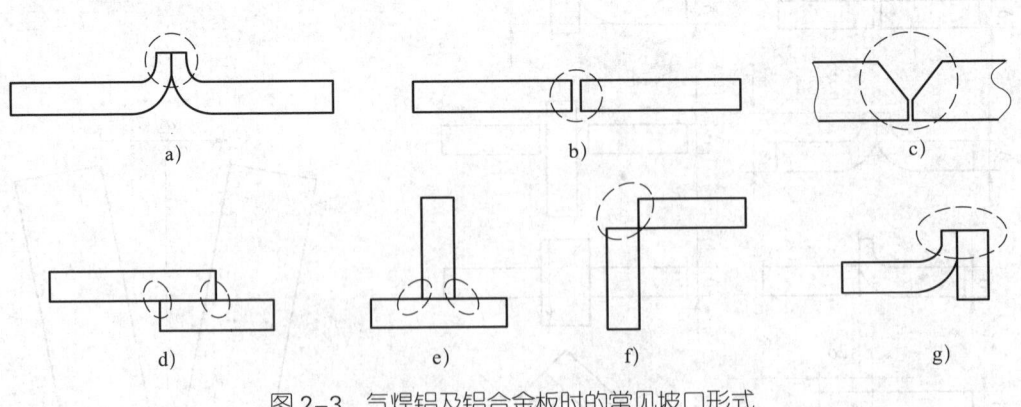

图 2-3　气焊铝及铝合金板时的常见坡口形式
a）卷接对接　b）I 形坡口对接　c）带钝边 V 形坡口对接
d）搭接　e）T 形接头　f）角接　g）端接

在实际气焊铝及铝合金时，其焊接坡口选取经验或原则如下：铝及铝合金板厚度小于 3~5 mm 时不需要开坡口，在接头处留 1 mm 左右的间隙即可；当板厚为 5~8 mm 时，可开单面 U 形坡口，坡口角度为 60°~70°，钝边小于或等于 1.5~2 mm 时，其间隙为 3 mm 左右；当板厚大于 8 mm 时，可开 X 形坡口或 V 形坡口，坡口角度为 60°~70°，钝边小于或等于 2.5 mm 时，其间隙应小于 3 mm。

三、铝及铝合金板气焊的组对及定位焊注意事项

定位焊不仅是为了固定零件的相对位置，而且可以限制焊接变形。因此，定位焊质量的好坏，是直接影响焊缝成形和气密性（对于气密性容器来说）好坏的重要因素。

定位焊前，应仔细修整待焊零件的坡口，以保证其预留间隙不超过最大允许的尺寸范围。对于铝及铝合金薄板零件的卷边对接和普通对接接头，保持其间隙不超过 1.0 mm，否则容易引起焊漏或烧穿等缺欠。但是，对于铸铝零件其预留间隙应该保持 1.0~2.0 mm，才可保证获得成形良好、气密性可靠的焊缝。同时，要求卷边接头高度平齐，否则容易造成未焊透等缺欠，破坏焊缝的气密性。

薄板零件进行定位焊时，应从左向右，逐点进行。这样可以避免前一点定位焊时，在火焰加热下定位焊处的边缘发生变形，进而影响预留间隙的尺寸和装配过程的正常进行，同时，也保证了装配工作方便与装配工的安全。如果是封闭对接焊缝，应首先在零件刚性较好的位置将其固定，然后在逐点定位焊。如果两零件的厚度相差较大时，为了防止厚度较大的零件产生不宜矫正的变形，此时应先对厚零件进行充分预热后，再对称进行定位焊。

某些刚性很不好、易产生变形而又不便于校准的零件，应采用特种夹具，使零件在夹具中进行定位焊和焊接。

定位焊时，采用较大的火焰才可以保证一定的生产效率和减少热变形，同时保证火焰与零件的距离较小，且朝向较难熔化的或导热性较好的零件。定位焊点的间距一般为 20~50 mm。如果零件焊接时，将可能产生较大的变形，也可以减小至 10~20 mm。在焊接中可能产生较大的应力（如厚度较大的零件）会使定位焊点断开，应加大定位焊点的尺寸（但定位焊点的横向尺寸不能超过焊缝宽度），以保证定位焊的可靠性。

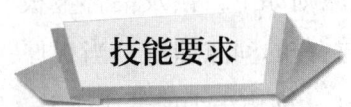

操作名称：铝及铝合金平板对接气焊试件的组对

操作实施步骤

试件准备 ➡ 制备坡口 ➡ 清理铝及铝合金板 ➡ 进行组对及定位焊

步骤1：试件准备

试件材质：5A06 铝合金。

试件尺寸及数量：200 mm × 200 mm × 4 mm，两件。

步骤2：制备坡口

铝合金厚度为 4 mm，不需特殊加工坡口，采用预留间隙的 I 形坡口即可施焊，间隙大小控制在 0.5～1 mm 即可，如图 2-4 所示。

步骤3：清理铝及铝合金板

根据试件的尺寸、形状等特点，选用化学清理或机械清理的方法使焊件待焊面及其两侧 20 mm 区域内露出金属光泽。

步骤4：进行组对及定位焊

定位焊的焊缝位置应该在试件坡口的两端处，始焊端可少焊些，终焊端应多焊些，且终焊端预留间隙应该略大于始焊端，如图 2-5 所示。

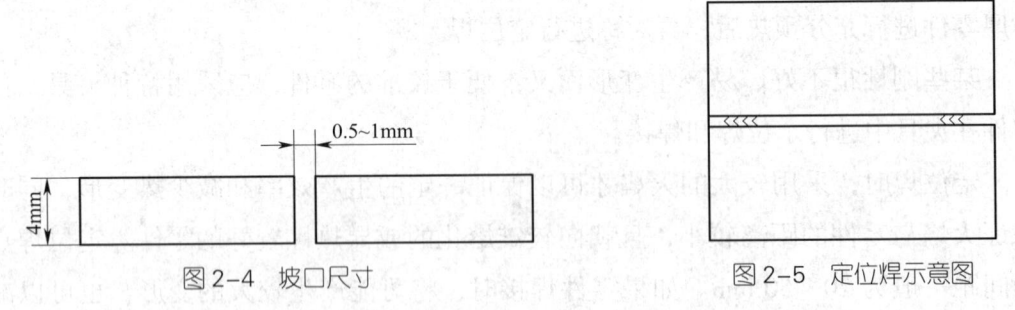

图 2-4 坡口尺寸　　　　　图 2-5 定位焊示意图

培训单元 3　铝及铝合金板气焊用气体、焊炬、焊丝及焊剂选用

1. 掌握气焊用可燃气体和助燃气体的分类。
2. 掌握气焊用焊炬、焊丝和焊剂的分类及选用。

一、铝及铝合金板气焊用气体分类

自身能够燃烧的气体称为可燃气体，工业上常用的可燃气体有氢气和碳氢化合物，如乙炔、丙烷、丙烯、天然气（主要成分为甲烷）、煤气和沼气等。可燃气体的发热量与火焰温度见表 2-1。

表 2-1　可燃气体的发热量和火焰温度

气体名称	发热量 （kJ/m²）	火焰温度 （℃）	气体名称	发热量 （kJ/m²）	火焰温度 （℃）
乙炔	52 963	3 100	天然气 （甲烷）	37 681	2 540
丙烷	85 764	2 520	煤气	20 934	2 100
丙烯	81 182	2 870	沼气	33 076	2 000
氢气	10 048	2 660		—	

气焊用的可燃气体主要是乙炔，乙炔与氧气混合燃烧形成的火焰称为氧-乙炔焰。根据氧和乙炔混合比的不同，可分为中性焰、碳化焰和氧化焰三种。铝及铝合金属于有色金属，在气焊时采用中性焰或者是轻微的碳化焰。

二、铝及铝合金板常用的气焊熔剂、焊丝的分类与用途

1. 气焊熔剂的作用、分类与使用

气焊过程中,被加热后的熔化金属极易与周围空气中的氧或火焰中的氧化合生成氧化物,使焊缝中产生气孔、夹渣等缺欠。为了防止金属的氧化并消除已经形成的氧化物,在焊接有色金属、铸铁和不锈钢等材料时,必须采用气焊熔剂。在气焊过程中,气焊熔剂是直接加入熔池中,在高温下熔剂熔化与熔池内的金属氧化物或非金属夹杂物相互作用形成熔渣,浮在焊接熔池表面,覆盖着熔化的焊缝金属。此外,还可以把需要渗入的合金元素粉末混合在熔剂中加入熔池,达到过渡合金元素的目的。总之,气焊熔剂具有防止焊缝金属氧化、保护熔池、改善焊接性,使焊接过程顺利进行和改善焊缝金属性能的作用,从而获得高质量的焊接接头。

(1)铝及铝合金气焊熔剂的作用

火焰气焊铝及铝合金时,母材难免被氧化,氧化膜将阻碍气焊过程正常进行。因此,火焰气焊铝及铝合金时必须采用强力熔剂。具体而言,铝及铝合金气焊熔剂的主要作用为:

1)溶解焊件及熔池表面的氧化铝氧化膜,并在熔池表面形成一层熔融的、可挥发的溶渣,以保护熔池免受连续氧化。

2)排除熔池中的气体、氧化物及其他夹杂物。

3)改善熔池金属的流动性,保证焊缝成形良好。

铝及铝合金气焊用熔剂一般由钾、钠、锂、钙的氯化物和氟化物粉末组成。应用较为广泛的气焊熔剂简称为铝焊粉,即气焊熔剂401,该熔剂还可用于气焊铝青铜。气焊熔剂401的主要化学成分见表2-2。

表2-2 气焊熔剂401的化学成分 %

氯化钾	氯化钠	氯化锂	氟化钠
49.5~52	27~30	13.5~15	7.5~9

气焊熔剂401的熔点为560℃,呈碱性,能有效地溶解氧化铝氧化膜,由于其在空气中能引起铝的腐蚀,所以在焊后必须将熔渣清除干净。使用气焊熔剂401应注意以下几个方面:

1)施焊前应将焊接部位及焊丝洗刷干净。

2）焊丝涂上用水调成糊状的熔剂或焊丝一段煨热，蘸取适量干焊剂，立即施焊。

3）焊后必须将焊件表面的熔剂、熔渣用热水洗涮干净，最好在焊后通过化学方法清洗干净，以免有残渣引起腐蚀。

铝及铝合金气焊时，还可以根据母材和焊丝的情况自制气焊熔剂，以达到更好的清除氧化物和保护熔化金属的目的。

铝及铝合金气焊熔剂极易吸潮，故应瓶装密封，防止受潮失效。焊接前将熔剂与水混合，调成稀薄的、能自由流动的糊状溶液，保存在玻璃或陶器内，不能用钢、铜和铝作容器，因为它们对熔剂混合物有污染。焊丝和焊件焊接区均可浸渍或刷涂一层熔剂，以便在预热或焊接时防止其氧化。熔剂最好是随调随用，应每4 h调动一次，不要久放以免其出现颗粒板结，造成使用困难或变质失效。

气焊过程结束后，必须彻底清除熔剂的残渣。清除时可采用化学方法，也可将零件浸于沸水中用刷子刷除。

（2）气焊熔剂的分类

气焊熔剂按所起的作用不同，可分为化学反应熔剂和物理溶解熔剂两大类。由于不同的金属在焊接时会出现不同性质的氧化物，因而必须选择相应的熔剂。

1）化学反应熔剂。这类熔剂由一种或几种酸性氧化物或碱性氧化物组成，因而又称酸性熔剂或碱性熔剂。

①酸性熔剂。如硼砂、硼酸以及二氧化硅等，主要用于焊接铜和铜合金、合金钢等。这一类材料在焊接时形成的氧化亚铜、氧化锌、氧化铁等为碱性氧化物，因而应选用酸性的硼砂和硼酸作为熔剂。

②碱性熔剂。如碳酸钾和碳酸钠等，主要用于焊接铸铁。在焊接过程中，由于熔池内形成高熔点酸性的三氧化硅（熔点约1 350 ℃），所以应采用碱性熔剂。

2）物理溶解熔剂。这类熔剂有氯化钾、氯化钠、氯化锂、氟化钾、氟化钠和硫酸氢钠等，主要用于焊接铝及铝合金。在焊接时，熔池表面形成不能被酸性或碱性熔剂中和的氧化铝薄膜（熔点约2 050 ℃），直接阻碍着焊接过程的正常进行。上述熔剂的作用是将氧化铝溶解和吸收，从而使焊接过程顺利进行并得到高质量的焊接接头。

气焊熔剂的使用方法是可以在焊接前预先涂在焊件的待焊处或焊丝上，也可以在气焊的过程中，将焊丝在盛装熔剂的器皿中沾上熔剂，填加到熔池中。

（3）气焊熔剂的使用要求

为使气焊熔剂起到应有的作用，对气焊熔剂的要求如下：

1)熔剂应具有很强的反应能力,能迅速溶解某些氧化物和某些高熔点的化合物,生成低熔点和易挥发的化学物。

2)熔剂在熔化后应黏度小、流动性好,形成熔渣的熔点和密度应比母材和焊丝的低,熔渣在焊接过程中浮于熔池表面,而不停留在焊缝金属中。

3)熔剂应能减少熔化金属的表面张力,使熔化的焊丝与母材更容易熔合。

4)熔化的熔剂在焊接过程中,不应析出有毒气体或使焊接接头腐蚀。

5)焊接后熔渣容易被清除。

2. 焊丝

当焊接纯铝及铝锰、铝镁、铝硅等铝合金时,一般采用和母材相近的标准牌号的焊丝或母材的切条。常用的铝及铝合金焊丝的牌号、化学成分和用途见表2-3。

表2-3 铝及铝合金焊丝

焊丝牌号	名称	化学成分(%)					熔点(℃)	用途
		镁	锰	硅	铁	铝		
301	纯铝焊丝			—		99.6	660	焊接纯铝和要求不高的铝合金
311	铝硅合金焊丝	—		4~6	—	余量	580~610	焊接除铝镁合金以外的铝合金
321	铝锰合金焊丝	—	1.0~1.6		—		643~654	焊接铝锰或其他铝合金
331	铝镁合金焊丝	4.7~5.7	0.2~0.6	0.2~0.5	≤0.4		638~660	焊接铝镁及其他铝合金

操作名称:铝及铝合金气焊用气体、焊炬、焊丝

操作实施步骤

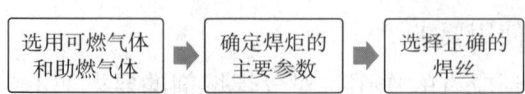

步骤 1：选用可燃气体和助燃气体

铝及铝合金气焊用的可燃气体为乙炔气体，助燃气体为氧气，调节两者的配比使火焰呈中性焰或者是轻微的碳化焰。

步骤 2：确定焊炬的主要参数

由于铝有较大的导热性，焊接铝制零件所用的焊嘴一般比焊接钢铁零件的要大一些，焊嘴要根据焊件的厚度来选择。焊嘴过大会使焊件烧穿或造成塌陷，焊嘴过小，温度低，不能很好熔化，造成焊接不牢固。焊嘴的选择依据见表 2-4。

表 2-4　射吸式焊炬 H01-6 的主要技术指标

焊炬型号	H01-6				
焊嘴号码	1	2	3	4	5
焊嘴孔径（mm）	0.9	1.0	1.1	1.2	1.3
焊件厚度（mm）	1~2	2~3	3~4	4~5	5~6
氧气压力（MPa）	0.2	0.25	0.3	0.35	0.4

步骤 3：选择正确的焊丝

气焊丝的化学成分应与焊件基本一致，从而保证焊缝的力学性能；焊丝的直径应根据焊件的厚度、坡口形式及焊缝的空间位置等因素选择。

培训项目 二 焊接操作

培训单元1 铝及铝合金板气焊的焊接工艺要求

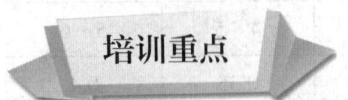

1. 掌握铝及铝合金板气焊基础知识与焊接性。
2. 掌握铝及铝合金板的焊接工艺。
3. 掌握铝及铝合金板气焊的焊炬角度及填丝方式。

一、铝及铝合金的气焊基础知识

铝是一种轻金属,密度为 2.7 g/cm³,温度在 20 ℃时,线膨胀系数为 2.4×10^{-5}/℃。它的熔点为 660 ℃,沸点为 2 050 ℃。铝具有良好的导电性、导热性,具有抗大气腐蚀、淡水浸蚀和耐硝酸腐蚀的性能。铝的塑性好,易于进行轧制、锻造、拉丝、冲压等加工。由于纯铝的强度低,不宜制作结构零件。因此,常在纯铝中加入硅(Si)、铜(Cu)、镁(Mg)、锰(Mn)、锌(Zn)等元素制成铝合金,以提高其力学性能。铝合金可用作结构零件,铝及其合金在国民经济和日常生活中得到广泛应用。目前铝及其合金常用的焊接方法主要有氩弧焊,焊条电弧焊已基本上被氩弧焊所取代。虽然气焊从各方面都远不如氩弧焊,但由于气焊使用的设备简单、方便,因此还经常使用。按照制造方法不同可将铝及其合金分为:变形铝及其合金，即所谓熟铝；铸造铝及其合金，即所谓生铝。变形铝合金又包括防锈铝合金（非热处理强化铝锰合金、铝镁合金，牌号用"LF"表示）、硬铝合金（牌号用"LY"表示）、锻铝合金（牌号用"LD"表示）、超硬铝合金（牌号用"C"表示）及特殊铝合金（牌号用"LT"表示），硬铝合金、锻铝合金和超硬铝合金可热处理强化。此外，铸造铝合金（牌号用"ZL"表示）包括铝锰合金、铝硅合金及铝铜合金等。工业用纯铝的牌号用"L"表示。常用铝和铝合金的牌号以及化学成分等见表2-5和表2-6。

表2-5 常用熟铝牌号及化学成分

类别	牌号	化学成分（%）							杂质综合（不大于）
		铜	镁	锰	硅	钛	铍	铝	
纯铝	L1-6	—	—	—	—	—	—	99.7~98.8	0.30~1.2
防锈铝合金	LF2-6	—	2.0~6.8	0.15~0.8	LF3 0.5~0.8	LF6 0.02~0.10	LF6 0.001~0.005	余量	0.80~1.8
	LF21	—	—	1.0~1.6	—	—	—		1.75
硬铝合金	LY3	2.6~3.5	0.3~0.7	0.3~0.7	—	—	—		1.1
	LY12	3.8~4.9	1.2~1.8	0.3~0.9	—	—	—		1.5
特殊铝合金	LT1	—	—	—	4.5~6.0	—	—		0.9

注：L1-6指L1、L2、L3、L4、L5、L6等，防锈铝合金LF2-6指LF2、LF3、LF5、LF6。

表2-6 常用生铝牌号及化学成分

牌号	化学成分（%）					
	铜	镁	锰	硅	镍	杂质综合（不大于）
ZL1	9.0~11.0	—	—	—	—	3.0
ZL2	4.0~5.0	—	—	—	—	2.2
ZL3	6.0~7.0	0.3~0.5	0.3~0.5	5.0~6.5	—	1.5
ZL4	3.75~4.5	1.25~1.75	1.25~1.75	—	1.75~2.25	1.5

续表

牌号	化学成分（%）					
	铜	镁	锰	硅	镍	杂质综合（不大于）
ZL5	—	9.5~11.5	9.5~11.5	—		1.1
ZL6	—	4.5~5.5	4.5~5.5	0.8~1.3		0.6
ZL7	—	—	—	11.0~13.0		2.2
ZL8	1.0~2.0	0.4~1.0	0.4~1.0	11.0~12.5		0.8
ZL9	0.5~1.5	0.7~1.3	0.7~1.3	11.0~13.0	2.0~3.0	1.0
ZL10	—	0.17~0.3	0.17~0.3	8.5~10.5		1.1
ZL11	—	0.2~0.4	0.2~0.4	6.5~8.0		1.0

二、铝及铝合金的焊接特性

铝具有良好的塑性及较好的导电性与导热性，还具有良好的耐腐蚀能力。铝合金的质量轻，加工性能好，经适当处理能获得较好的强度，可制造电缆、化工耐蚀容器、油箱及家用器皿等。气焊虽然是一种比较简便、灵活的焊接方法，设备也简单，但是火焰加热的热量分散、热效率低、热影响区宽，焊接接头力学性能差，焊后变形大，耐蚀性差，焊接质量不如氩弧焊。但在无电源、无氩气情况下的生产和维修中，还经常会遇到用气焊的方法对铝及其合金构件或铸件进行焊接与焊补的实例。

1. 铝的氧化

铝不论是固态或液态都极易氧化，在常温下铝及铝合金表面总有一层氧化铝（Al_2O_3）薄膜，尤其在高温下铝将发生强烈氧化。氧化铝的熔点很高（2 050 ℃），远远超过铝合金的熔点（一般为600 ℃左右），而且其密度（3.85 g/cm^3）高于铝合金密度（2.6~2.8 g/cm^3）。当气焊铝时，如果不用气焊熔剂，会很明显地看到熔池表面一层氧化铝的黑色皱皮，它阻止了焊丝的熔滴进入熔池，使之无法与基体金属熔合。又因氧化铝在沉入焊缝后形成难熔夹渣，而且氧化铝还吸附了较多的水分，在焊接时会促使焊缝生成气孔。因此，铝焊接时，为保证焊接质量，必须去除表面的氧化物，并防止在焊接过程中再氧化。这是铝及铝合金熔化焊的重要特点。

2. 熔池不易掌握

铝及铝合金由固态转变成液态时，没有显著的颜色变化，从而增加了工艺上控制温度的困难。另外，铝及铝合金在高温时强度很低，如铝在370 ℃时强度仅为0.1 MPa，在焊接时容易引起烧塌或下漏，甚至焊接接头会整个塌落下来。因此，铝的全位置焊接比焊接钢材要困难很多，因而常常要采用垫板。

3. 热裂纹

铝的导热系数是钢的 2 倍多，因而要求在焊接时，使用较大功率或能量集中的热源时需要进行预热处理。铝的线膨胀系数约是铁的 2 倍，在凝固时的收缩率约为铁的 3 倍。铝与钢比较，铝及其合金高温时塑性很差、强度也低，所以，铝件的焊接变形大，恶化了焊接的工艺条件，如果工艺措施不当，还容易产生热裂纹。

工业纯铝和铝锰合金的抗裂性良好，在焊接薄板时不产生裂缝。但若在焊缝金属中，硅的含量大于铁的含量（Fe/Si<1）或焊接接头刚性较大时，则焊缝金属产生热裂纹的倾向将会增大。铝镁合金焊接时的热裂纹倾向随含镁量的变化而变化。若焊缝中含镁量较少，产生的低熔点共晶不足以形成连续的晶间薄层，热裂纹倾向不大；焊缝中含镁量虽多，但大量的低熔点共晶又能充分填充晶间薄层，因而此时的热裂纹倾向也不大；只有当含镁量在 2%～3% 时，最容易产生热裂纹。硬铝合金在焊接时，易形成熔点稍大于 500 ℃的二元或三元低熔点共晶，所以产生热裂纹倾向就很大。当低熔点共晶数量为 3%～5% 时，具有最大的热裂倾向。硬铝 LY1 和 LY12 的成分就属于这一范围，因此均属于焊接性不良的铝合金。

4. 气孔

铝及其合金焊缝金属中产生的气孔主要是氢气孔。高温下氢在铝中的溶解度比在铜、铁中的溶解度要小，但是在凝固的一瞬间，氢在铝中的溶解度突变的幅度比其他金属大。在凝固点时，氢在铝中的溶解度下降，与凝固前相差约 20 倍，而铜只相差 3 倍，铁相差不到 2 倍。这样，铝及其合金在焊接高温下熔入的氢，在焊缝冷却过程中由于氢的溶解度大大下降来不及析出而形成气孔。形成的氢气孔可分为 3 种类型：①分散小气孔，经常出现在焊缝截面中，数量多，尺寸小（小于 0.2 mm），其断口呈圆形亮白色斑点；②集中气孔，沿坡口边缘分布在熔合线附近，尺寸大，断面呈圆形，内壁光滑，断口呈亮白色或金黄色；③热影响区气孔，分布在热影响区表面，在焊接含镁量较高的铝镁合金和有水分存在时容易出现。焊件、焊丝表面和坡口未去掉的氧化膜所吸附的水分，是铝及其合金焊接接头中形成集中气孔的主要原因。焊缝中的氢气如果不能及时逸出，在高温下就会向热影响区扩散，故在热影响区形成气孔。

5. 焊接接头性能降低、易软化

铝及其合金焊接接头由于焊接峰值温度高，高温停留时间长，造成焊缝产生铸造组织，容易出现裂纹或脆性化合物等，使其强度明显低于母材；又因焊接接头成分和组织的不均匀及其他缺欠,使其耐腐蚀性能低于母材,尤其是硬铝更为明显,还会引起应力腐蚀裂纹;对于热处理强化的铝合金焊接接头因受热而软化,有时需重新热处理提高其强度。

三、焊接工艺参数

焊接时,为保证焊接质量而选定的诸多物理量的总称,称为焊接工艺参数。气焊的焊接工艺参数包括焊丝的牌号和直径、熔剂、火焰种类、火焰能率、焊炬型号、焊嘴的号码、焊嘴倾角和焊接速度等。由于焊接工件的材质、气焊的工作条件、焊件的形状尺寸、焊接位置、气焊工的操作习惯和气焊设备等的不同,所选用的气焊工艺参数不尽相同。就有色金属铝合金而言,其焊接工艺参数有其自身特点。

1. 焊丝直径的选择

焊丝的直径应根据焊件的厚度、坡口的形式、焊缝位置、火焰能率等因素确定。在火焰能率一定时,即焊丝熔化速度在确定的情况下,如果焊丝过细,则焊接时往往在焊件尚未熔化时焊丝已熔化下滴,这样容易造成熔合不良和焊缝高低不平、焊缝宽窄不一等缺欠;如果焊丝过粗,则熔化焊丝所需要的加热时间就会延长,同时增大了对焊件的加热范围,使工件焊接热影响区增大,容易造成组织过热,降低焊接接头的质量。

焊丝直径常根据焊件厚度初步选择,试焊后再调整确定。铝及铝合金气焊时焊丝直径的选择可参照表2-7。

表2-7 铝及铝合金气焊焊丝直径的选择   mm

焊件厚度	1.5	1.5~3	3~5	5~7	7~10
焊丝直径	1.5~2	2~3	3~4	4~4.5	4.5~5.5

气焊铝及其合金焊丝的选用也可以用母材的切条。在多层焊时,第一、第二层应选用较细的焊丝,以后各层可采用较粗的焊丝。一般平焊应比其他焊接位置选用直径大一些的焊丝,右焊法比左焊法选用的焊丝要适当直径大一些。

2. 火焰性质的选择

一般来说,气焊时对需要尽量减少元素烧损的材料,应选用中性焰;对允许和需要增碳及使用还原气氛的材料,应选用碳化焰;对母材含有低沸点元素,如锡(Sn)、锌(Zn)等的材料,需要生成覆盖在熔池表面的氧化物薄膜,以阻止低熔点元素蒸发,应选用氧化焰。总之,火焰性质选择应根据焊接材料的种类和性能来选择。由于气焊焊接质量和焊缝金属的强度与火焰种类有很大的关系，因而在整个焊接过程中应不断地调节火焰成分，保持火焰的性质，从而获得质量好的焊接接头。

铝及铝合金属于有色金属，气焊时，应采用中性焰或轻微碳化焰，过大的碳化焰会引起气孔及焊缝组织的疏松。氧化焰会使铝强烈氧化，因此绝不允许使用氧化焰。

3. 火焰能率的选择

火焰能率的大小是由焊炬型号和焊嘴型号大小来决定的。焊嘴型号越大，火焰能率也越大。所以火焰能率的选择实际上是确定焊炬型号和焊嘴型号。火焰能率的大小主要取决于氧、乙炔混合气体中，氧气的压力和流量（消耗量）及乙炔的压力和流量（消耗量）。流量的粗调通过更换焊炬型号和焊嘴型号实现，流量的细调通过调节焊炬上的氧气调节阀和乙炔调节阀来实现。

火焰能率应根据焊件的厚度、母材的熔点和导热性及焊缝的空间位置来选择。如焊接较厚的焊件、熔点较高的金属、导热性较好的铜铝及其合金时，就要选用较大的火焰能率，才能保证焊件焊透；反之，在焊接薄板时，为防止焊件被烧穿，火焰能率应适当减小。平焊缝可比其他位置焊选用稍大的火焰能率。在实际生产中，在保证焊接质量的前提下，应尽量选择较大的火焰能率。

结合上述分析，由于铝及其合金熔点低，易烧穿，在焊接较薄的铝板时，应采用比焊接同样厚度钢板时小一些的火焰能率。气焊铝及其合金时，焊炬型号和焊嘴型号应根据焊件的厚度选择，见表2-8。

表2-8 铝及铝合金气焊时焊炬、焊嘴的选择

焊件厚度 t（mm）	<1.5	1.5~3.0	3~4	4~10	10~20
焊炬型号	H01-6	H01-6	H01-6	H01-12	H01-12
焊嘴型号	1	1~2	2~4	1~3	3~4

4. 焊嘴倾角的选择

焊嘴的倾角是指焊嘴中心线与焊件平面之间的夹角 α，如图2-6所示。焊嘴的倾斜角度的大小主要是根据焊嘴的大小、焊件的厚度、母材的熔点和导热性及焊缝空间位置等因素综合决定的。当焊嘴倾角大时，因热量散失少，焊件得到的热量多，升温快；反之，热量散失多，焊件

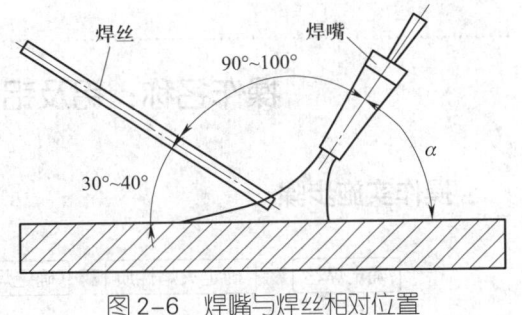

图2-6 焊嘴与焊丝相对位置

受热少，升温慢。一般来说，在焊接工件厚度大、母材熔点较高或导热性较好的金属时，焊嘴的倾角要选的大一些；反之，焊嘴的倾角可以选的小一些。

焊嘴的倾斜角度在气焊的过程中还应根据施焊情况进行变化。如在焊接刚开始时，为了迅速形成熔池，采用焊嘴的倾斜角度为80°~90°；当焊接结束时，为了更好地填满弧坑、避免焊穿和防止焊缝收尾处过热，应将焊嘴适当提高，焊嘴倾斜角度逐渐减小，并使焊嘴对准焊丝和熔池交替加热。

在气焊过程中，焊丝对焊件表面的倾角一般为30°~40°，与焊嘴中心的夹角一般为90°~100°，如图2-6所示。

5. 焊接速度的选择

焊接速度应根据焊工的操作熟练程度，在保证焊接质量的前提下，尽量提高焊接速度，以减少铝合金的受热程度并提高生产率。一般说来，对于厚度大、熔点高的焊件，焊接速度要慢些，以避免产生未熔合的缺欠；而对于厚度薄、熔点低，焊接速度要快些，以避免产生烧穿和使焊件过热而降低焊接质量。

四、根据工艺要求确定焊嘴的角度与填丝方式

如上所述，焊嘴的角度和焊丝填充的方式和很多外界条件都有关系。在实际焊接铝合金时，可初步选择如下工艺进行焊接。

焊铝合金薄板时，焊嘴倾角为30°~45°，焊丝倾角为40°~50°；焊厚板时，焊嘴倾角应为50°左右，焊丝倾角为40°~50°。起焊时，由于工件温度较低，且铝及铝合金的导热性能较好，一开始不易焊透，所以焊嘴的倾角比上述规定应大些；焊接结束时，由于工件已被加热到较高的温度，为保证焊缝成形，焊嘴倾角比上述规定要小些。一般应避免焊嘴倾角过大，以免吹不开熔渣而造成夹渣缺欠。

操作名称：铝及铝合金板气焊工艺确定

操作实施步骤

步骤1：确定焊丝

气焊丝的化学成分应基本与焊件一致，从而保证焊缝的力学性能；焊丝的直径应根据焊件的厚度、坡口形式及焊缝的空间位置等因素选择。

步骤2：确定火焰性质

铝及铝合金气焊的火焰一般选择中性焰或轻微碳化焰。

步骤3：确定焊嘴倾角

根据母材的厚度、熔点以及母材的导热性能确定焊嘴倾角。

步骤4：确定焊接速度

根据工件的尺寸、被焊的位置、母材及焊丝的熔点等特性，并结合自己的操作熟练程度确定合适的焊接速度。

步骤5：确定焊炬和焊丝角度

根据焊接试板厚度的差异，选择不同的焊嘴倾角和焊丝倾角。特别注意的是，起焊时由于工件温度较低，且铝及铝合金的导热性能较好，一开始不易焊透，所以焊嘴的倾角应大些；焊接终了时，由于工件已被加热到较高的温度，为保证焊缝成形，焊嘴倾角要小些。一般应避免焊嘴倾角过大，以免吹不开熔渣，造成夹渣缺欠。

培训单元2　铝及铝合金板气焊的操作方法

培训重点

1. 掌握铝及铝合金板气焊火焰调节方法。
2. 掌握铝及铝合金板气焊的注意事项。
3. 掌握铝及铝合金板气焊不同焊接位置的操作方法。

知识要求

一、铝及铝合金板气焊火焰的调整

采用中性焰和轻微碳化焰对铝及铝合金进行气焊,火焰调节分为氧乙炔的点燃和氧乙炔的调节两步。

1. 氧乙炔的点燃

根据焊件的厚度,选择好低压焊炬的型号和焊嘴,用扳手将焊嘴拧紧,然后将黑色的氧气胶管接在焊炬的氧气管接头上,打开氧气瓶阀,按规定的氧气压力,调节减压器的调节螺钉,使指针指到所需的压力值,接着打开氧气和乙炔调节阀的旋钮做射吸试验。若射吸试验合格,即可将乙炔胶管接在乙炔管接头上,并按工艺参数调节好乙炔压力。

射吸试验合格后,还应做泄漏试验,检查各调节阀和管接头处有无泄漏,若无泄漏,即可进行点火。点火时,首先稍微开启氧气调节阀,再开启乙炔调节阀,不过乙炔调节阀开启的程度要比氧气调节阀开启的程度小,否则会因乙炔未充分燃烧而产生大量的黑烟灰。两种气体在焊炬内混合后从焊嘴喷出,用点火枪或火柴即可将混合气体点燃。开始点燃时,如果氧气压力过大或乙炔不纯就会连续发出"叭、叭"的声音或产生不易点燃的现象。

2. 中性焰或轻微碳化焰的调节

中性焰的调节方法是慢慢地调节氧气调节阀旋钮,直至焰心呈白色而明亮、轮廓清晰的尖锥形,内焰呈蓝白色,并有深蓝色线条为止。

轻微碳化焰的调节方法是点火后可将乙炔调节阀开得稍大一点,然后控制氧气调节阀的开启程度。随着氧气供应量的增加,内焰的轮廓逐渐减小,火焰的挺直度随之增强,直至焰心呈蓝白色,内焰呈淡白色,外焰呈橙黄色为止。碳化焰可明显地分出焰心、内焰和外焰三部分。

二、铝及铝合金板气焊时起焊、收尾及焊接

焊件厚度小于 5 mm 时,一般采用左焊法,以避免熔池过热、烧穿和防止晶粒长大;焊件厚度大于 5 mm 时,可选用右焊法,以便于观察熔池的温度和流动情况。在焊接时,整条焊缝尽可能一次焊完,如果中断,应在焊缝上重叠约 20 mm

处开始起焊以保证焊透；在焊接结束或中断时，火焰应慢慢离开熔池，并要填加一些焊丝，以保证焊接质量。

由于铝在高温时颜色保持不变，为掌握好金属开始熔化时间及起焊时机，可用焊丝试探性地拨动加热处的金属表面，当感到加热处已带黏性，并且焊丝端头落下的熔化金属与加热处金属能熔合在一起，说明该处已达到熔化温度，这时应立即进行焊接。还可以采用下述方法掌握起焊时机：铝受热后表面光亮的银白色逐渐变暗，随着温度升高，最后变成暗淡的银灰色，被焊处表面的氧化铝薄膜微微起皱，说明加热处接近熔点，这时便可开始加热焊丝。当火焰下面的氧化铝薄膜和基本金属出现波动现象时，说明已达到熔点，这时即可施焊。

焊接时，焊嘴一边前进，一边上下运动。当焊嘴运动到下方时，火焰加热铝合金使其熔化，并利用火焰吹力形成熔池。当焊嘴运动到上方时，火焰加热焊丝使其端部熔化，形成熔滴，这样焊丝与坡口处的铝合金周期性地受热熔化，从而形成焊缝。送丝时，焊丝末端应插入熔池前部，并随即将焊丝向熔池外拖出，但应特别注意拖出时应使焊丝端部仍在火焰范围内，以避免氧化。依靠上述填加焊丝的机械作用，即能有效地搅动熔化金属屑使杂质浮出，又能破坏熔池表面的氧化膜，使熔滴金属很好地与熔池金属熔合。

当两种厚度或熔点不同的铝合金材料焊在一起时，一般应将火焰指向厚度大、熔点高的材料。焊前应将厚度大的材料先用焊炬预热到一定温度后再焊。薄铝板单向焊时，焊前在背面均匀地刷上一层熔剂，有利于获得背面形成良好的焊缝。

三、铝及铝合金气焊各种空间位置的操作要点

1. 平焊操作要点

平焊是在焊缝倾角为 0°~5°、焊缝转角为 0°~10° 的焊接位置，如图 2-7 所示，其中焊缝倾角是指焊缝轴线与水平面之间的夹角，而焊缝转角是指通过焊缝轴线的垂直面与坡口二等分平面之间的夹角。一般来说，平焊操作比较容易，只要正确选择气焊工艺参数和掌握操作方法，平焊的焊接质量就能得到保证。

平焊采用的主要接头形式是对接，并多用左焊法进行焊接。焊炬与焊件的角度根据焊件厚度来决定。但各种厚度的焊件在刚开始焊接时，焊炬与焊件的角度可以大些，随着焊接过程的进行，由于焊件的温度升高，焊炬与焊件的角度可以减小些。焊丝始终沉浸在熔池内，并不停地搅拌熔池。

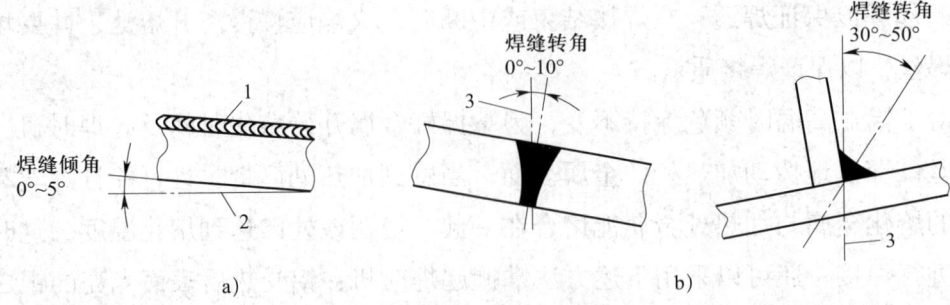

图 2-7 平焊位置
a）焊缝倾角　b）焊缝转角
1—焊道　2—水平面　3—垂直面

在整个施焊过程中，火焰必须始终笼罩着熔池和焊丝末端，以免熔化金属与空气接触而被氧化。施焊时，应将焊件与焊丝同时烧熔，使焊丝金属与焊件金属在液体状态下均匀地熔合形成焊缝。

2. 横焊操作要点

横焊是在焊缝倾角为 0°～5°、焊缝转角为 70°～90° 进行的焊接，或焊缝倾角为 0°～5°、焊缝转角为 30°～55° 的角焊缝焊接位置进行的焊接，如图 2-8 所示。

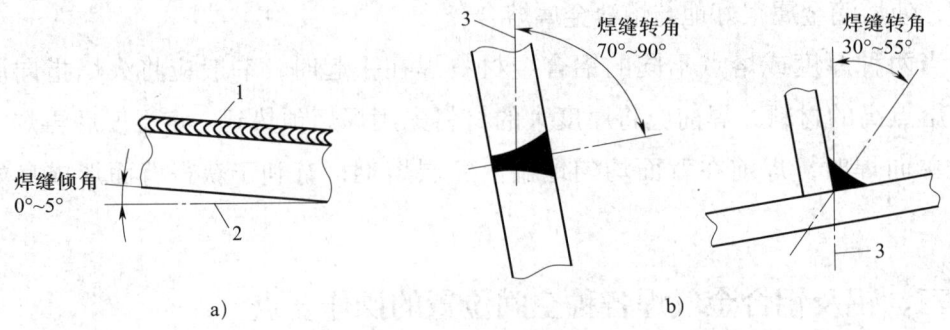

图 2-8 横焊位置
a）焊缝倾角　b）焊缝转角
1—焊道　2—水平面　3—垂直面

横焊操作时，应与立焊一样使用较小的火焰能率来控制熔池温度，采用自右向左的焊接方法。焊炬应向上倾斜一定角度（与焊件保持 65°～75°），使火焰气流直接朝向焊缝，利用气流的压力阻碍熔化金属从熔池中流出。焊炬一般不做摆动，在焊较厚焊件时，可做小环形摆动，使熔池略带一些倾斜，便于控制焊缝成形，同时能防止焊缝产生咬边、焊瘤以及未焊透等缺欠。

3. 立焊操作要点

立焊是在焊缝倾角为 80°～90°、焊缝转角为 0°～180° 的焊接位置（见图 2-9）

所进行的焊接。立焊比平焊要困难一些，原因是熔池中的液体金属易往下淌，焊缝表面不易形成均匀的焊波。立焊时应采用火焰能率比平焊时小的火焰进行焊接，并严格控制熔池温度，熔池面积和深度应该小一些。焊炬应沿焊接方向向上倾斜60°左右，借助火焰气流的压力来支承熔池，一般不做横向摆动，并随时做上下运动，使熔池有冷却的机会，以保证熔池受热适当。

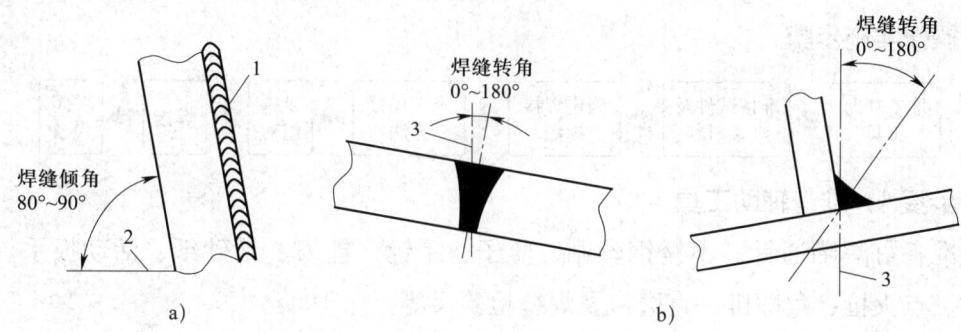

图 2-9 立焊位置
a）焊缝倾角 b）焊缝转角
1—焊道 2—水平面 3—垂直面

4. 仰焊操作要点

仰焊是在焊缝倾角为 0°~15°、焊缝转角在 165°~180° 的对接焊缝或焊缝倾角为 0°~15°、焊缝转角在 115°~180° 的角焊缝的焊接位置进行的焊接，如图 2-10 所示。

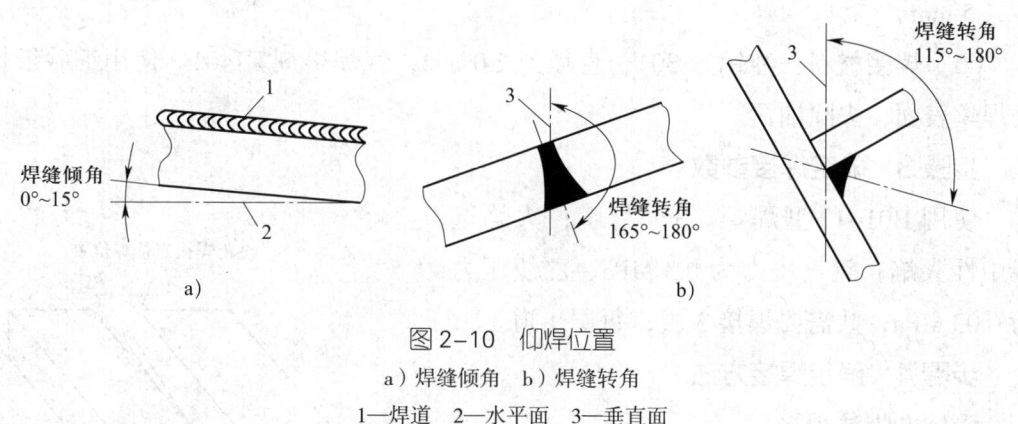

图 2-10 仰焊位置
a）焊缝倾角 b）焊缝转角
1—焊道 2—水平面 3—垂直面

仰焊位置是最困难的一种焊接位置，主要是液体金属容易往下流，因此操作时必须严格掌握熔池的大小和温度，要使液体金属始终处于较稠的状态以防下淌。采用较细的焊丝，采用右焊法以薄层堆敷上去。焊炬与焊件之间应具有一定的角度。焊炬可做不间断的运动，焊丝应做月牙形运动，并始终浸在熔池内。

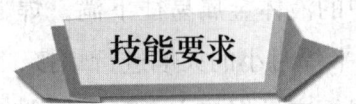

操作名称：铝及铝合金板水平对接气焊的操作方法

操作实施步骤

步骤1：准备辅助工具

准备好焊嘴通针、不锈钢丝刷、錾子、手锤、锉刀、细砂纸、活动扳手、钢丝钳、点火枪、角磨机、直磨机及焊缝检验尺等。

步骤2：准备试件及焊接材料

（1）试件材料：L1-6铝板。

（2）试件尺寸及数量：250 mm×150 mm×6 mm，无钝边60°V形坡口，共两件。

使用不锈钢丝刷将试件待焊处及其两侧20~30 mm范围内的油污、积渣及其他有害物质去除干净，漏出金属光泽。使用锉刀修整坡口钝边，使钝边尺寸在0~1.5 mm。

（3）焊接材料：纯铝丝301，直径为2.0 mm，气焊熔剂CJ401。使用细砂纸打磨焊丝表面，去除油污。

步骤3：确定焊接参数

使用H01-12型焊炬，3号焊嘴；火焰选择中性火焰；氧气压力为0.3 MPa，乙炔压力为0.03 MPa；共需要焊接3层，每层1道。

步骤4：确定焊接方法

采用左焊法焊接。

步骤5：试件组对

按图2-11进行试件的组对及定位焊接。首先将打磨好的试件放置在操作台上，坡口背部朝上，用钢直尺检查两块试件的错边量，

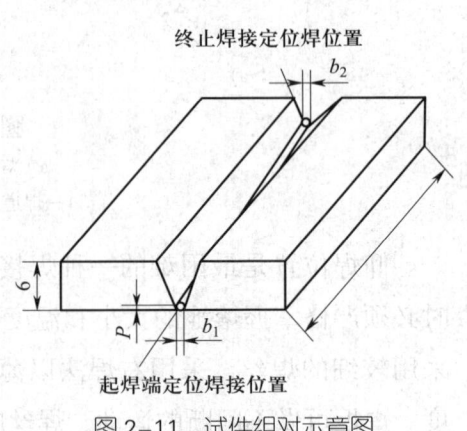

图2-11 试件组对示意图

两端错边量均不应大于 0.5 mm。将始焊端间隙 b_1 调整为 2 mm，终焊端间隙 b_2 为 2.5 mm。然后进行定位焊接，始焊端定位焊缝长度为 20 mm，终焊端定位焊长度为 25 mm，定位焊缝高度不能大于 3 mm，始焊端及终焊端的定位焊缝的一端要加工成陡坡形状以便焊接过程中平滑过渡。再一次检查错边量，如超过要求值则应该磨掉定位焊缝并重新进行定位焊。

定位焊后将试件坡口向下轻轻敲击，一边敲击一边检查，要预制 3°~5° 的反变形，反变形量为 4~6 mm，如图 2-12 所示。根据经验，可用一根直径为 4 mm 的焊条横放在定位焊后的试件上，其中最大弦高为 4~6 mm（一根直径为 4 mm 的焊条正好可以插进去）即可。然后使用不锈钢丝刷清理定位焊焊缝及周边母材，并涂上熔剂。

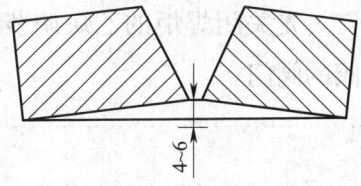

图 2-12 反变形示意图

步骤 6：焊接

1. 打底焊

将组对好的试件水平放置在操作台上，打底焊要保证焊透，就是在焊接过程中金属熔池的前端始终保持一个小熔孔。在根部间隙小的一端起焊，首先要对工件进行预热，焊嘴倾角应在 50°~70°，火焰往复运动。焊丝端部也放入火焰中进行预热，当焊件起焊点形成白亮而清晰的熔池时，则开始焊接。火焰内层的焰心尖端距离熔池表面 3~5 mm。在熔池形成后，将焊丝熔化的端部送入熔池，熔滴过渡后立即将焊丝抬起，然后向前移动焊炬，形成新的熔池，再填入焊丝，如此反复操作形成完整的焊缝。

如果焊接中途停止，接头时要用火焰充分加热已凝固冷却的焊缝金属，使其熔化并形成新的熔池，并填入少量焊丝，要使新进入熔池的熔滴与被熔化的原焊缝金属充分熔合后，再继续焊接。

收尾时，要减少焊嘴和焊件之间的夹角，加快焊接速度，增加焊丝的填入量，可以用温度较低的外焰来保护熔池，直至熔池填满，再慢慢抬起火焰完成焊接。

2. 填充焊

完成打底焊后，要彻底清理焊缝，清除焊渣后再次添加熔剂。填充焊时，必须待打底层金属熔化后才能向熔池中加入焊丝。其接头方法与打底焊相同，填充层应该比母材低 1~1.5 mm，以便盖面时能够看清坡口的边缘，保证盖面焊的顺利进行。

3. 盖面焊

盖面层的清理与填充层一致。盖面焊时，也必须待填充层金属熔化后才能向熔池中加入焊丝。其接头方法与打底焊相同，但火焰能率要小一些，要控制好焊嘴的摆动幅度，使坡口边缘的母材熔化 1~2 mm，要圆滑过渡防止出现咬边。

步骤 7：关闭设备

先关闭焊炬的乙炔调节阀，再关闭焊炬的氧气调节阀，最后关闭气瓶和减压阀的阀门。

培训项目 三 焊后检查

培训单元1 铝及铝合金板气焊接头表面清理

掌握焊后表面清理方法。

一、接头表面清理目的

焊后残留的熔剂和熔渣在空气、水分的作用下会引起强烈的腐蚀，故在焊后 15 min 内，最迟不超过 6 h 就应该把这些溶剂或焊渣从焊缝和焊缝区表面上完全清理干净。

二、接头表面清理方法

清理方法如下：

1. 将焊件放在 60～80 ℃ 的热水槽内，用硬毛刷从焊缝的正面和背面仔细地刷洗焊接接头。

2. 重要结构件在刷洗后再放在温度为 60～80 ℃、质量分数为 2%～3% 的铬酸水溶液或重铬酸钾溶液中浸洗 5～10 min，并用硬毛刷仔细洗刷。

3. 最后用温度为 60~80 ℃ 的热水清洗。

之后，将焊件置于炉内干燥至水分痕迹完全除去为止，或用热的压缩空气将焊件吹干。对于工业用铝及铝合金，可用木槌沿着焊缝敲打几遍，以减少焊缝内应力，增加焊缝强度。

培训单元 2　铝及铝合金板气焊接头表面缺欠及外观质量自检

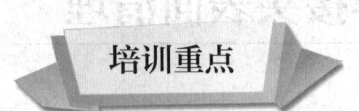

掌握铝及铝合金板气焊接头外观质量自检方法。

一、气焊接头外观尺寸要求

焊缝表面不得有裂纹、未熔合、气孔、焊瘤和未焊透等缺欠。

外形尺寸是气焊质量最基本的要求，主要包括下面几个方面。

1. 气焊焊缝的外形应该均匀、美观且纹路清晰。焊道与基体金属之间应平滑过渡，没有高低不平的现象。

2. 咬边的深度不能超过 0.5 mm，焊缝两侧咬边总长度不得超过焊缝长度的 10%。

3. 当板厚 $T \leq 5$ mm 时，背面凹坑的深度不大于 $25\%T$ 与 1 mm 两者之间的较小值；板厚 $T > 5$ mm 时，背面凹坑的深度不大于 $20\%T$ 与 2 mm 两者之间的较小值；除仰焊位置的板材不做规定外，背面凹坑的总长度不超过焊缝总长度的 10%。

4. 气焊焊缝最大宽度 C_{max} 和最小宽度 C_{min} 的差值，在任意 50 mm 的焊缝长度范围内不得大于 4 mm，整个焊缝长度范围内不得大于 5 mm。

5. 气焊焊缝边缘直线度 f，在任意 300 mm 连续焊缝长度内 $\leq$ 3 mm，焊缝边缘沿焊缝轴向的直线度 f，如图 2-13 所示。

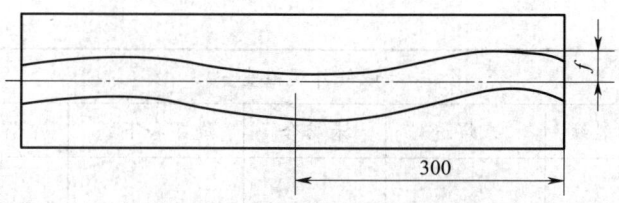

图 2-13　焊缝边缘直线度 f

6. 气焊焊缝表面凹凸量，在焊缝任意 25 mm 长度范围内，焊缝余高的差值（$h_{max}-h_{min}$）不得大于 2 mm，如图 2-14 所示。

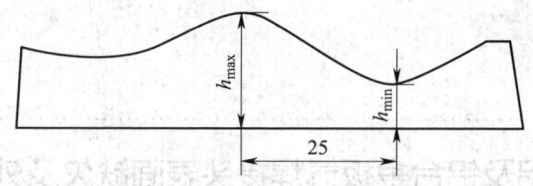

图 2-14　焊缝表面凹凸示意图

7. 角变形量不应超过 3°。

8. 错边量不得大于 10%T 与 2 mm 两者之间的较小值。

二、焊缝的外观检查方法

直接目视检测：当能够充分靠近，可采用直接的目视检验，并可借助于放大镜之类的工具来帮助检验。

间接目视检测：在有些情况下，可能需要用远距离的目视检验来代替直接检验。远距离的目视检验还可以辅以各种反光镜、望远镜、内窥镜、光导纤维、照相机或其他合适的仪器。这些系统的分辨率至少应和直接目视检验相当。

焊缝外观尺寸通过焊接检验尺的不同位置和刻度进行测量焊缝。

三、焊接接头外观自检记录表格

焊接接头外观自检记录表格见表 2-9。

表 2-9　铝及铝合金板气焊接头外观自检记录表格

焊接方法		机械化程度	
试件材质		焊接材料	
试件规格		施焊人	
施焊日期		鉴定项目	

续表

试件外观检查					
表面气孔	表面裂纹	未焊透	未熔合	烧穿和下塌	焊瘤	错边
角变形	焊缝外形	过热	凹坑	弧坑	直线度	凹凸量

操作名称：铝及铝合金板气焊接头表面缺欠及外观质量自检

操作实施步骤

目视检测 ➡ 使用焊缝检验尺测量尺寸

步骤1：目视检测

在大于 1 000 lx 光照强度的地方，肉眼或利用放大镜观察焊缝，自检焊缝及其边缘表面是否有裂纹、气孔、未熔合、烧穿、咬边、焊瘤、错边、未焊透和弧坑等缺欠，并且进行相关记录。

步骤2：使用焊缝检验尺测量尺寸

焊缝检验尺的使用方法见低碳钢或低合金钢板角接接头气焊的焊后检查。

职业模块 二
低碳钢管对接水平转动气焊

培训项目一 焊前准备

培训单元 1　低碳钢管对接水平转动气焊坡口制备及焊接接头间隙选择

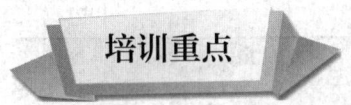

1. 掌握气焊用焊丝及低碳钢管清理方法。
2. 掌握低碳钢管接头形式及坡口加工。
3. 掌握低碳钢管对接水平转动气焊接头间隙的要求。

一、工件及焊丝表面的清理

为保证焊接接头质量，焊前需将待焊处的氧化皮、铁锈、油污等清除干净。可用砂纸、钢丝刷、锉刀、刮刀、角磨机、直磨机等机械方法进行清理，使焊件坡口及其两侧 20 mm 区域内露出金属光泽；也可使用酸或碱溶剂清洁待焊处，溶解氧化物，再用清水冲洗干净，最后用火焰烤干后施焊。

焊丝表面若脏污，可用砂纸打磨，去掉氧化物。这是防止焊接接头产生气孔、夹渣和裂纹等缺欠的重要措施。

二、低碳钢管气焊接头坡口形式及接头间隙

低碳钢管的气焊接头主要为对接接头，重要的管件要求单面焊双面成形，当壁厚 $t \leqslant 2.5$ mm，可以不开坡口；当壁厚 $t>2.5$ mm 时，为了保证焊透，则需要开 V 形坡口，管子气焊的坡口形式和尺寸见表 2-10。接头间隙及钝边的选择应符合相关标准或技术文件，其主要与管材厚度有关，但也要考虑焊缝熔深、焊缝成形、焊接变形、焊接应力、可实施性及经济效益等因素。

低碳钢管件坡口的加工通常用车床车削或专门用于加工坡口的机器设备加工，试件在焊接前需用角磨机、直磨机或锉刀加工出钝边，钝边的作用是防止焊缝根部烧穿。接头间隙及钝边要适中。当钝边太大或间隙过小时，容易产生未焊透缺欠；当间隙过大时，容易烧穿，使管子内壁产生焊瘤，减少管子的有效截面积，增加介质在管内的流动阻力。

表 2-10 坡口形式和尺寸　　　　　　　　　mm

管壁厚度 t	坡口形式和尺寸
≤ 2.5	间隙 1~1.5
≤ 6.0	坡口角度 60°~90°，钝边 0.5~1.5，间隙 1~2
6.0 ~ 10.0	坡口角度 60°~90°，钝边 1~2，间隙 2~2.5
10.0 ~ 15.0	坡口角度 60°~90°，钝边 2~3，间隙 2~3

培训单元 2　低碳钢管对接水平转动气焊试件的组对

1. 掌握低碳钢管对接水平转动气焊试件定位焊点数与管径关系。
2. 能够完成低碳钢管对接水平转动气焊试件的组对。

气焊管径与定位焊点数的关系

为保证焊件装配的坡口根部间隙，在焊接前应对焊件进行定位焊接。使用气焊焊接钢管时，定位焊的点数及分布与管径有关。定位焊焊缝的长度一般为 5～10 mm。当管径 d<100 mm 时，用 A、B、C 三点将管子圆周平均分为三部分，将其任意两点作为定位焊点，另外一点作为起焊点，也可以将 A、B、C 三点作为定位焊点，然后选择任意两点之间选取一处作为起焊点，如图 2-15a 所示。当管径为 100～300 mm 时，用 A、B、C、D 四点将管子圆周平均分为四部分，定位焊的顺序为 A、B、C、D，即对角顺序，然后在任意两点之间选取一处作为气焊点，

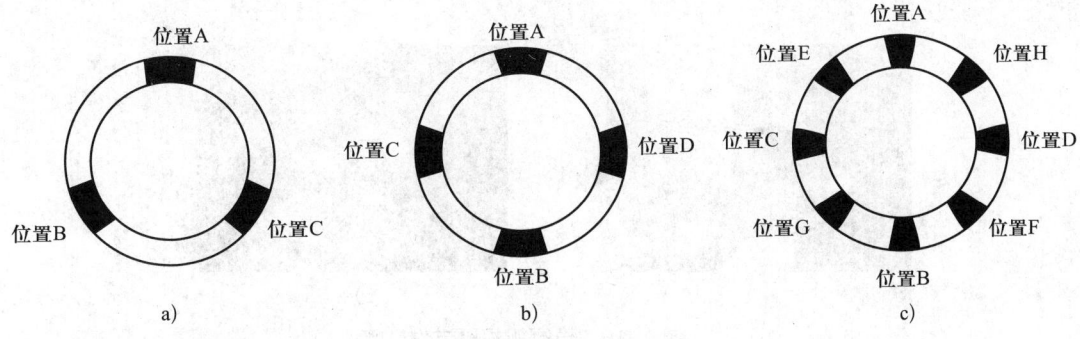

图 2-15　气焊管径与定位焊点数的关系示意图
a）d<100 mm　b）d=100～300 mm　c）d=300～500 mm

如图 2-15b 所示。当管径为 300~500 mm 时,可将管子圆周分为 8 处,对称定位 7 处,其定位顺序是 A、B、C、D、E、F、G,另外一处 H 作为起焊点,如图 2-15c 所示。

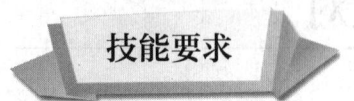

操作名称:低碳钢管对接水平转动气焊接头的组对

操作实施步骤

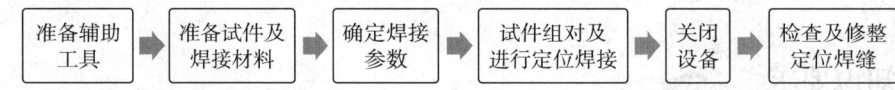

步骤 1:准备辅助工具

准备好焊嘴通针、钢丝刷、錾子、手锤、锉刀、活动扳手、钢丝钳、点火枪、角磨机、直磨机及焊缝检验尺等。

步骤 2:准备试件及焊接材料

试件材料:Q235B 钢管。

试件尺寸及数量:$\phi 60$ mm × 4 mm × 150 mm,两件,开 V 形坡口。

先将待焊管子固定好,然后使用直磨机将试件待焊处及其两侧 20~30 mm 范围内的铁锈、油污、积渣及其他有害物质去除干净,露出金属光泽,如图 2-16 所示。使用锉刀或角磨机修整坡口钝边,使钝边尺寸在 0.5~1.0 mm,试件、坡口、根部间隙及钝边等尺寸如图 2-17 所示。

焊接材料:H08MnA 焊丝,直径为 2.0 mm。使用细砂纸打磨焊丝表面,去除油污。

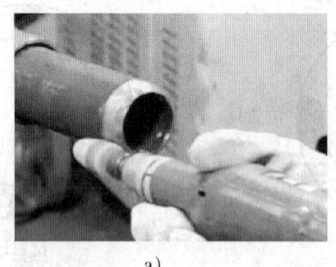
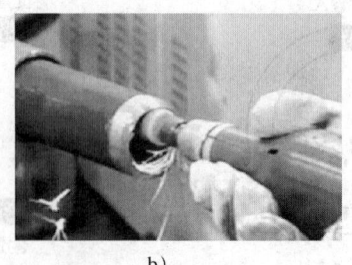

图 2-16 直磨机打磨试件
a)打磨外表面 b)打磨内表面

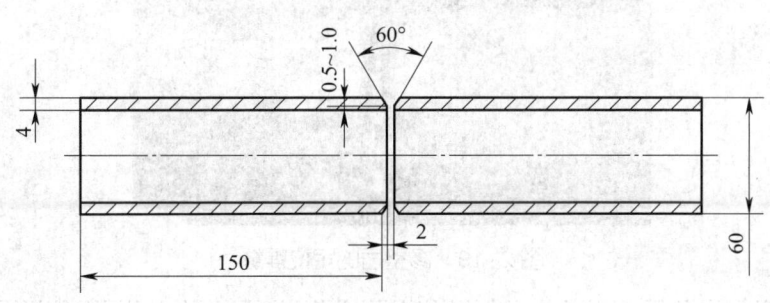

图 2-17 试件坡口形式及尺寸

步骤 3：确定焊接参数

使用 H01-6 型焊炬，3 号焊嘴。火焰选择中性火焰。氧气压力为 0.3 MPa，乙炔压力为 0.03 MPa。

步骤 4：试件组对及进行定位焊接

管子直径为 60 mm 时，应进行 2 处、间隔为 120° 的定位焊接，定位焊长度为 5~10 mm。首先将两个管子放置在 40 mm×40 mm 的角钢上进行组对，保证其根部间隙约为 2 mm，如图 2-18a 所示。然后点火进行定位焊接，如图 2-18b 所示，完成第 1 个定位焊后，为了防止错边及变形，可对管子调整后再进行第 2 次定位焊。组对好的试件如图 2-18c 所示。

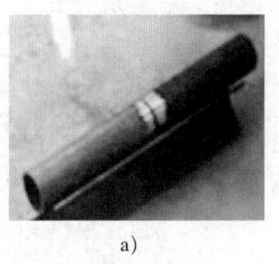
a)

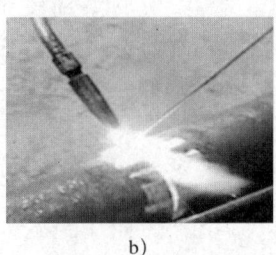
b)

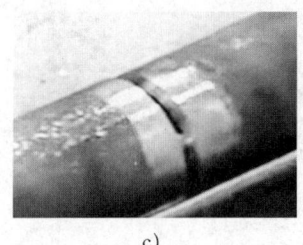
c)

图 2-18 管子定位焊
a）组对　b）定位焊　c）组对好的试件

步骤 5：关闭设备

先关闭焊炬的乙炔调节阀，再关闭焊炬的氧气调节阀，最后关闭气瓶和减压阀的阀门。

步骤 6：检查及修整定位焊缝

检查管径圆周的错边量，应均不大于 0.5 mm，如超标应磨掉重新进行定位焊接。如错边量满足要求，应将定位焊缝的两端使用角磨机加工成陡坡状，如图 2-19 所示。

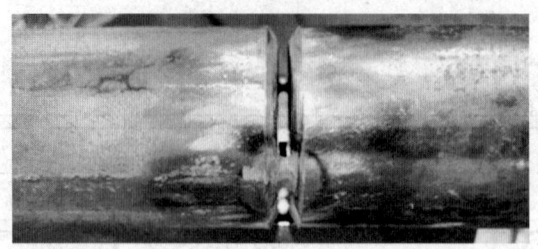

图 2-19 修整后的定位焊缝

培训项目二 焊接操作

培训单元1 低碳钢管对接水平转动气焊的焊接工艺要点

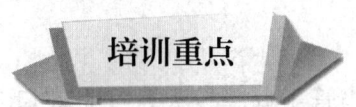

掌握低碳钢管对接水平转动气焊的工艺要点。

焊接时，管子进行水平转动，因此可以控制熔池在方便的位置焊接，其特点与板材平焊位置相近，焊接参数的选择可参照低碳钢板的选用原则。管子的焊接要注意防止焊缝内外表面凹陷或者有过大的凸起。如果没有特殊的技术要求，一般焊缝的加强高度不应超过管子表面 1~2 mm，其宽度应超过坡口边缘 1~2 mm，要均匀、平滑地过渡到母材。

培训单元 2　低碳钢管对接水平转动气焊的操作方法

掌握低碳钢管对接水平转动气焊的操作要领。

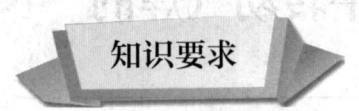

一、气焊钢管的方法

当管子的壁厚小于 2 mm 时，可在水平位置焊接；当管子壁厚较大且开有坡口时，则应采取爬坡焊接，爬坡焊分为左向爬坡焊和右向爬坡焊。

1. 左向爬坡焊

左向爬坡焊时，焊丝在焊炬的前方，火焰指向焊件未焊接部位，可起到预热作用。该方法焊工能够清晰看到熔池的形貌及变化情况，便于焊工在施焊过程中及时调整火焰能率，可以获得较均匀的焊缝。采用该方法时，要保证在与管子垂直中心线成 20°～40°范围内焊接，如图 2-20 所示。该方法使熔滴自然流向熔池下部，焊缝成形快，这便于控制焊缝的高度。

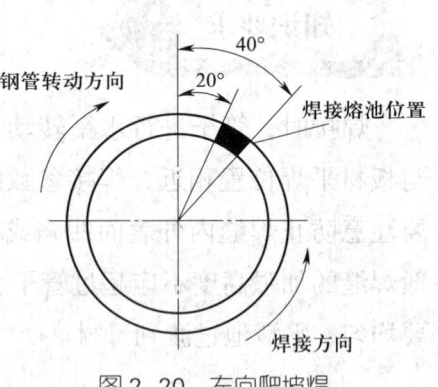

图 2-20　左向爬坡焊

2. 右向爬坡焊

采用右向爬坡焊时，焊炬在焊丝的前方，火焰指向已焊好的焊缝，火焰可以覆盖整个熔池从而使其不被空气氧化，还能有效降低产生气孔的可能性。采用该方法时，要保证在与管子垂直中心线成 10°～30°范围内焊接，如图 2-21 所示。该方法还可以降低已焊焊缝的冷却速度，有助于改善焊缝组织，而且火焰能量较为集中，火焰能率利用率高，其缺点是方法不易掌握。

二、各层的焊接

1. 打底层的焊接

打底层的焊接可以采用非穿孔焊法或者穿孔焊法。

（1）非穿孔焊法

非穿孔焊法是将气焊火焰放在如图2-22所示的位置，使焊嘴中心线与钢管焊接处的切线方向成45°左右的倾斜角，并加热起焊点。当坡口钝边熔化并形成熔池后，立即向熔池中填丝。焊接过程中，焊嘴要始终不断地做圆圈运动，焊丝要一直处于熔池的前沿，但不要挡住火焰，以免产生未焊透缺欠，同时要不断地向熔池中填加焊丝。

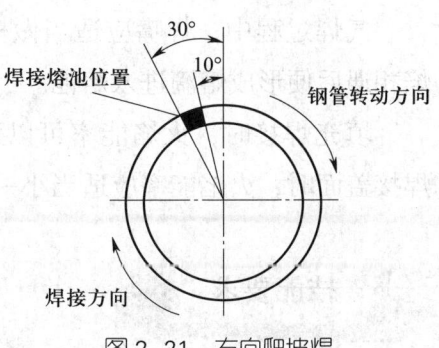

图2-21 右向爬坡焊

（2）穿孔焊法

在焊接过程中，使金属熔池的前端始终保持一个小熔孔（烧穿），如图2-23所示。穿孔焊法的焊炬型号、焊嘴型号和焊丝直径应依据管壁的厚度进行选择。

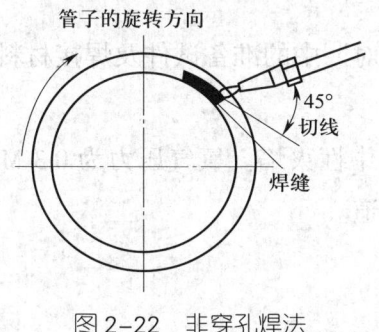

图2-22 非穿孔焊法

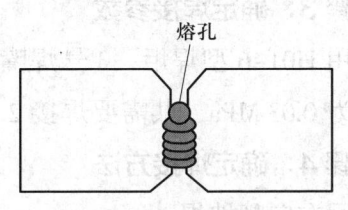

图2-23 穿孔焊法

在焊接过程中要使熔孔不断前移，同时不断向熔池中添加焊丝，以形成焊缝。在保证焊透的前提下，焊接速度应适当地加快。焊嘴一般要做圆圈运动，一方面可以搅拌熔池有利于杂质和气体逸出，从而避免夹渣和气孔等缺欠的产生；另一方面也可以调节并保持熔孔的大小。

2. 其余各层的焊接

焊接其余各层时，层与层之间起焊点的间距应保持在20 mm以上。起焊时，必须待起焊处的金属熔化后方可向熔池中添加焊丝。每层焊缝尽量一次焊完。若中途停止焊接需再次焊接时，应待前一层焊缝的熔坑形成熔池后，才可向前施焊。

气焊过程中,焊嘴应适当做横向摆动,而焊丝做往复跳动。当焊丝与气焊火焰相遇后便形成熔滴进入熔池。

填充焊接时,火焰能率可以适当加大一些,并多添加焊丝来提高焊接效率。焊接盖面时,火焰能率应适当小一些,以使焊缝表面成形良好。

操作名称:低碳钢管对接水平转动气焊

操作实施步骤

步骤1: 准备辅助工具

同"低碳钢管对接水平转动气焊接头的组对"中的准备辅助工具。

步骤2: 准备试件及焊接材料

同"低碳钢管对接水平转动气焊接头的组对"中的准备试件及焊接材料。

步骤3: 确定焊接参数

使用H01-6型焊炬,3号焊嘴。火焰选择中性火焰。氧气压力为0.3 MPa,乙炔压力为0.03 MPa,共需要焊接2层,每层1道。

步骤4: 确定焊接方法

采用左向爬坡焊。

步骤5: 试件组对

同"低碳钢管对接水平转动气焊接头的组对"中的组对。

步骤6: 焊接

1. 打底焊

右手持已点燃的焊炬,左手拿焊丝(为了方便焊接,可将焊丝剪成30~50 cm的短丝),为了保证根部焊透,打底焊采用穿孔焊法,起焊点位于两个定位焊缝的中间(即起焊点与两个定位焊缝之间夹角均为120°)。起焊时,火焰深入坡口,待钝边熔化形成熔孔时,立即加入焊丝,形成熔滴,完成过渡填充熔池。焊接时,焊嘴应在与水平中心线成50°~70°范围内进行焊接。焊接过程中火焰必须始终笼罩熔池和焊丝末端，以免熔化金属与空气接触而被氧化。要注意观察熔孔，使其大小一致，保证背面焊透及成形良好。

如果焊接中途停止，接头时要用火焰充分加热已凝固冷却的焊缝金属，使其熔化并形成新的熔池，才能填入焊丝，要使新进入熔池的熔滴与被熔化的原焊缝金属充分熔合后，再继续焊接。

收尾时，要减少焊嘴倾角，加快焊接速度，增加焊丝的填入量，可以用温度较低的外焰来保护熔池，直至熔池填满，再慢慢抬起火焰完成焊接。打底焊关键是要保证焊透，且不能出现过热和过烧。

2. 盖面焊

盖面焊前，要彻底清理焊缝。盖面焊的起焊位置要与打底焊相距 20 mm 以上，必须待打底层金属熔化后才能向熔池中加入焊丝，其接头方法与打底焊基本相同，但火焰能率要小一些，并且焊炬要做适当摆动，要注意控制摆动幅度，使坡口边缘的母材熔化 1~2 mm，要圆滑过渡以防止出现咬边。

步骤 7：关闭设备

先关闭焊炬的乙炔调节阀，再关闭焊炬的氧气调节阀，最后关闭气瓶和减压阀的阀门。

培训项目 三

焊后检查

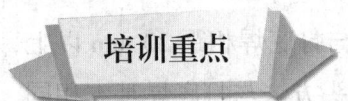

能对低碳钢管对接水平转动气焊接头进行外观质量自检。

一、气焊接头外观尺寸要求

焊缝表面不得有裂纹、未熔合、气孔、焊瘤和未焊透等缺欠。

外形尺寸是气焊质量最基本的要求，主要包括下面几个方面。

1. 气焊焊缝的外形应该均匀、美观且纹路清晰。焊道与基体金属之间应平滑过渡，没有高低不平的现象。

2. 咬边的深度不能超过 0.5 mm，焊缝两侧咬边总长度不得超过焊缝长度的 10%。

3. 气焊焊缝最大宽度 C_{max} 和最小宽度 C_{min} 的差值，在任意 50 mm 的焊缝长度范围内不得大于 4 mm，整个焊缝长度范围内不得大于 5 mm。

4. 气焊焊缝边缘直线度 f，在任意 300 mm 连续焊缝长度内小于或等于 3 mm。

5. 气焊焊缝表面凹凸量，在焊缝任意 25 mm 长度范围内，焊缝余高的差值（$h_{max} - h_{min}$）不得大于 2 mm。

6. 角变形量不应超过 3°。

7. 管子外径 $d \geq 76$ mm 的管材对接焊缝试件背面焊缝的余高应不大于 3 mm。

8. 管子外径 d<76 mm 的管材对接焊缝试件应进行通球检查，当外径 $d \geqslant 32$ mm 时，通球直径为管内径的 85%；当外径 d<32 mm 时，通球直径为内径的 75%。

9. 错边量不得大于 10%T 与 2 mm 两者之间的较小值。

二、焊缝的外观检查方法

直接目视检测：当能够充分靠近，可采用直接的目视检验，并可借助于放大镜之类的工具来帮助检验。

间接目视检测：在有些情况下，可能需要用远距离的目视检验来代替直接检验。远距离的目视检验还可以辅以各种反光镜、望远镜、内窥镜、光导纤维、照相机或其他合适的仪器。这些系统的分辨率至少应和直接目视检验相当。

焊缝外观尺寸通过焊接检验尺的不同位置和刻度进行测量焊缝。

三、焊接接头外观自检记录表格

焊接接头外观自检记录表格见表 2-11。

表 2-11 低碳钢管对接水平转动气焊接头外观自检记录表格

焊接方法				机械化程度			
试件材质				焊接材料			
试件规格				施焊人			
施焊日期				鉴定项目			
试件外观检查							
表面气孔	表面裂纹	未焊透	未熔合	烧穿和下塌	焊瘤	错边	
角变形	焊缝外形	过热	凹坑/通球检查	弧坑	直线度	凹凸量	

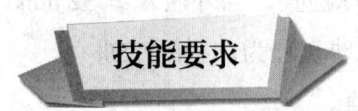

操作名称：低碳钢管对接水平转动气焊接头表面缺欠及外观质量自检

操作实施步骤

目视检测 ➡ 使用焊缝检验尺测量尺寸

步骤1：目视检测

在大于 1 000 lx 光照强度的地方，肉眼或利用放大镜观察焊缝，自检焊缝及其边缘表面是否有裂纹、气孔、未熔合、烧穿、咬边、焊瘤、错边、未焊透和弧坑等缺欠，并且进行相关记录。

步骤2：使用焊缝检验尺测量尺寸

使用焊缝检验尺测量咬边、错边量、焊缝余高和焊缝宽度等。

职业模块 三
低合金钢管对接垂直固定气焊

培训项目一 焊前准备

培训单元1 低合金钢管对接垂直固定气焊坡口制备及焊接接头间隙选择

培训重点

1. 掌握低合金钢管对接垂直固定气焊的接头形式。
2. 掌握低合金钢管对接垂直固定气焊接头尺寸。

知识要求

当被焊的两个管件壁厚与外径相同时,低合金钢管对接垂直固定气焊接头形式主要有3种。图2-24a为不开坡口,这种接头形式适用于母材厚度 $t \leqslant 2.5$ mm 的钢管;图2-24b为单边带钝边的Y形坡口,这种坡口可以有效防止焊接过程中熔化的金属下淌;图2-24c为带钝边的V形坡口,这种接头形式的下面管子坡口面角度可略小于上面管子,适用于管壁较厚的钢管。

低合金钢管对接垂直固定气焊接头一般要求单面焊双面成形,其根部间隙、坡口角度、钝边尺寸的选用原则,可参考低碳钢管对接水平转动气焊。

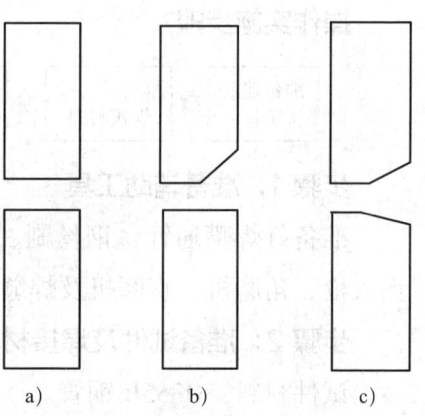

图2-24 低合金钢管对接垂直固定气焊接头形式
a) 不开坡口 b) 单边带钝边的Y形坡口
c) 带钝边的V形坡口

培训单元2 低合金钢管对接垂直固定气焊试件的组对

1. 掌握低合金钢管对接垂直固定气焊试件定位焊点数与管径关系。
2. 能够完成低合金钢管对接垂直固定气焊试件的组对。

该部分内容与低碳钢管对接水平转动气焊管径与定位焊点数的关系一致。

操作名称：低合金钢管对接垂直固定气焊接头的组对

操作实施步骤

步骤1：准备辅助工具

准备好焊嘴通针、钢丝刷、錾子、手锤、细砂纸、锉刀、活动扳手、钢丝钳、点火枪、角磨机、直磨机及焊缝检验尺等。

步骤2：准备试件及焊接材料

试件材料：Q355B 钢管。

试件尺寸及数量：$\phi 60\ mm \times 6\ mm \times 150\ mm$，两件，开 V 形坡口。

先将待焊管子固定好，然后使用直磨机将试件待焊处及两侧 20～30 mm 范围内的铁锈、油污、积渣及其他有害物质去除干净，露出金属光泽。使用锉刀或者角磨机修整坡口钝边,使钝边尺寸在 0.5~1.0 mm,试件、坡口、根部间隙及钝边等尺寸如图 2-25 所示。

焊接材料:H08MnA 焊丝,直径为 2.0 mm。使用细砂纸打磨焊丝表面,去除油污。

步骤 3:确定焊接参数

使用 H01-6 型焊炬,3 号焊嘴。火焰选择中性火焰。氧气压力为 0.3 MPa,乙炔压力为 0.03 MPa。

步骤 4:试件组对及进行定位焊接

管子直径为 60 mm 时,应间隔 120°,进行 3 处定位焊接,定位焊缝位置为"时钟的 4 点、8 点和 0 点",试件空间位置如图 2-26 所示。定位焊长度为 5~10 mm,定位焊时要遵循焊接设备操作规程。

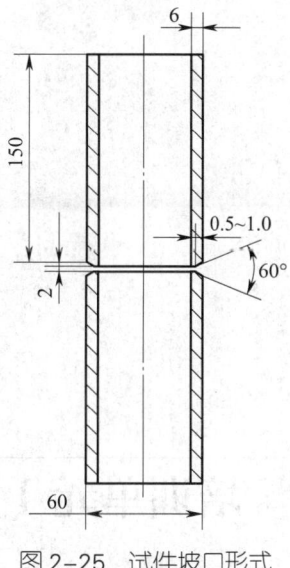

图 2-25 试件坡口形式及尺寸

步骤 5:关闭设备

先关闭焊炬的乙炔调节阀,再关闭焊炬的氧气调节阀,然后关闭气瓶和减压阀的阀门。

步骤 6:检查及修整定位焊缝

检查管径圆周的错边量,应均不大于 0.5 mm,如超标应磨掉重新进行定位焊接。如错边量满足要求,应将定位焊缝的两端使用角磨机加工成陡坡状,如图 2-27 所示。

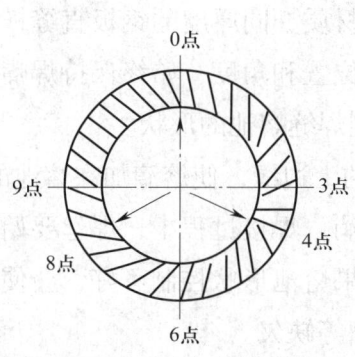

图 2-26 试件空间位置

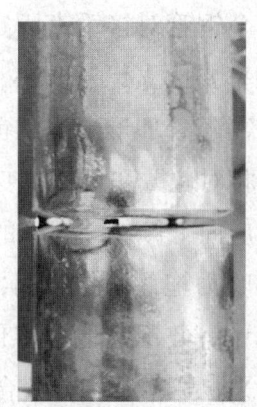

图 2-27 修整后的定位焊缝

培训项目 二 焊接操作

培训单元1 低合金钢管对接垂直固定气焊的焊接工艺要求

掌握低合金钢管对接垂直固定气焊的特点。

知识要求

低合金钢管对接垂直固定气焊操作与板材对接横焊气焊相似。垂直固定气焊的火焰能率要比立焊还要小,其操作特点与同材质、同厚度的钢板直缝横焊基本相同,只需随着环形焊缝的前进而不断地变换位置和角度,始终保持焊嘴、焊丝和管子的相对位置和角度不变,从而更好地控制焊缝熔池的形状。

焊嘴应向上倾斜,焊丝的头部要位于熔池的上边缘,使熔滴加在熔池的上边,利用火焰吹力拖住熔化金属,阻止熔化金属下淌。焊接过程中,焊丝要始终保持浸在熔池中,并不断地把熔化金属向上推。如果熔池形状控制不好,会使焊缝产生高低不平、宽窄不均、熔合不良、咬边和焊瘤等缺欠。

培训单元 2 低合金钢管垂直固定气焊的操作方法

掌握低合金钢管垂直固定气焊的操作要领。

一、低合金钢管垂直固定气焊施焊操作方法

低合金钢管垂直固定气焊操作时,操作者通常是左手持填充焊丝,右手持焊炬进行焊接。所以,按焊丝和焊炬的移动方向(即焊接方向),施焊操作方法可分为左焊法和右焊法两种,如图 2-28 所示。

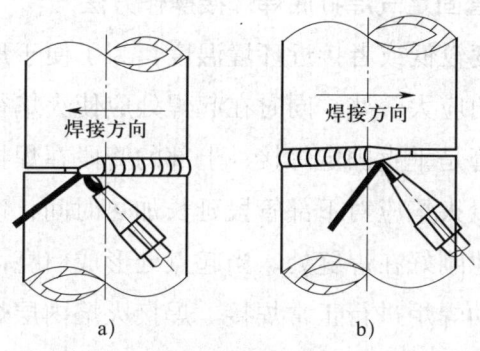

图 2-28 低合金钢管垂直固定气焊焊接方法
a)左焊法 b)右焊法

二、低合金钢管垂直固定气焊焊嘴与焊丝的运动技巧

焊接时,焊嘴和焊丝之间应该均匀、协调地运动。焊嘴和焊丝的运动包括以下 3 种:

1. 沿焊缝的纵向移动,不断地熔化焊件和焊丝形成焊缝。

2. 焊嘴沿焊缝做横向摆动，充分加热焊件，使液体金属搅拌均匀，得到致密性好的焊缝。在一般情况下，板厚增加，横向摆动幅度应增大。

3. 焊丝在垂直焊缝的方向送进，并做上下移动，调节熔池的热量和焊丝的填充量。

低合金钢管垂直固定气焊焊接过程中，焊嘴在沿焊缝纵向、横向运动时，还要上下运动，以调节熔池的温度。焊丝除前进、上下运动外，还要做向上的斜圆圈运动以搅拌熔池。焊嘴和焊丝的摆动方式及幅度与焊件厚度与材质、焊缝的空间位置和焊缝尺寸等因素有关。气焊填丝时，焊工不仅要密切注意熔池的形成情况，而且要将焊丝末端置于外层火焰下进行预热。当焊丝熔滴进入熔池后，要立即将焊丝抬起，让火焰向前移动，形成新的熔池，然后再继续向熔池送入焊丝，如此循环形成焊缝。

左焊法时，焊嘴沿直线均匀移动，并在下坡口范围内做小幅度上下运动，而焊丝沿直线均匀移动的同时，需做较大向上圆弧形的摆动。

右焊法时，焊嘴在做直线移动的同时，要围绕焊丝做圆圈运动，使焊丝阻挡的焊缝熔化。焊丝要在上坡口及熔孔中进行画圆弧的运动，使得液态金属由于搅动减小下坠倾向，形成上下均匀、对称的焊缝。

三、各层的焊接方法

1. 低合金钢管垂直固定气焊打底焊焊接操作方法

起焊时，焊件温度较低或者接近环境温度，为了便于形成熔池，并利于对焊件进行预热，焊嘴倾角应大一些，同时在起焊处应使火焰往复运动，保证在焊接处加热均匀。由于钢管是垂直固定焊接，上部的管段在焊接过程中得到的热量明显高于下部管段，所以火焰应对下部管段延长加热时间，以使焊缝两侧温度基本相同，熔化一致，熔池刚好在焊缝处。当起点处形成白亮而清晰的熔孔时，即可填入焊丝，并向前移动焊炬进行正常焊接。焊接火焰内层焰心的尖端要距离熔池表面 3~5 mm，始终保持熔池的大小、形状不变。

（1）接头要求

接头时，应使用火焰对原熔池重新加热，在焊缝下半部区域停留的时间要大于上半部的时间，直至原溶池熔化。待形成新的熔池后，再填入焊丝重新开始焊接，要注意焊丝熔滴应与熔化的原焊缝金属充分熔合。接头时，要与焊缝重叠 5~10 mm，在重叠处要注意少加或不加焊丝，以保证焊缝的高度合适和接头处焊缝与原焊缝的圆滑过渡。

（2）收尾要求

收尾时，由于焊件温度较高，散热条件差，所以应减小焊嘴倾角和加快焊接速度，并应多加一些焊丝，以防止熔池面积扩大，避免烧穿。收尾时，应注意使火焰抬高并慢慢离开熔池，直至熔池填满后，火焰才能离开。总之，气焊收尾时要遵循焊嘴倾角小、焊速提高、填丝快、熔池要满的要领。

2. 低合金钢管垂直固定气焊填充层及盖面层焊接操作方法

选择的火焰能率要大于打底焊，并且在施焊过程中应正确掌握火焰的喷射方向。火焰运动区域应在下半部坡口，而火焰喷射方向应偏向上方，消除上下管段由于位置不同形成的上热下凉的温差，使焊缝两侧的温度始终保持一致，以免熔池不在焊缝正中而偏向温度较高的上侧。这样还能借助火焰的吹力托住熔池中向下坠的液态金属，避免熔池凝固后使焊缝成形不均匀。

其多层焊焊接顺序如图2-29所示。

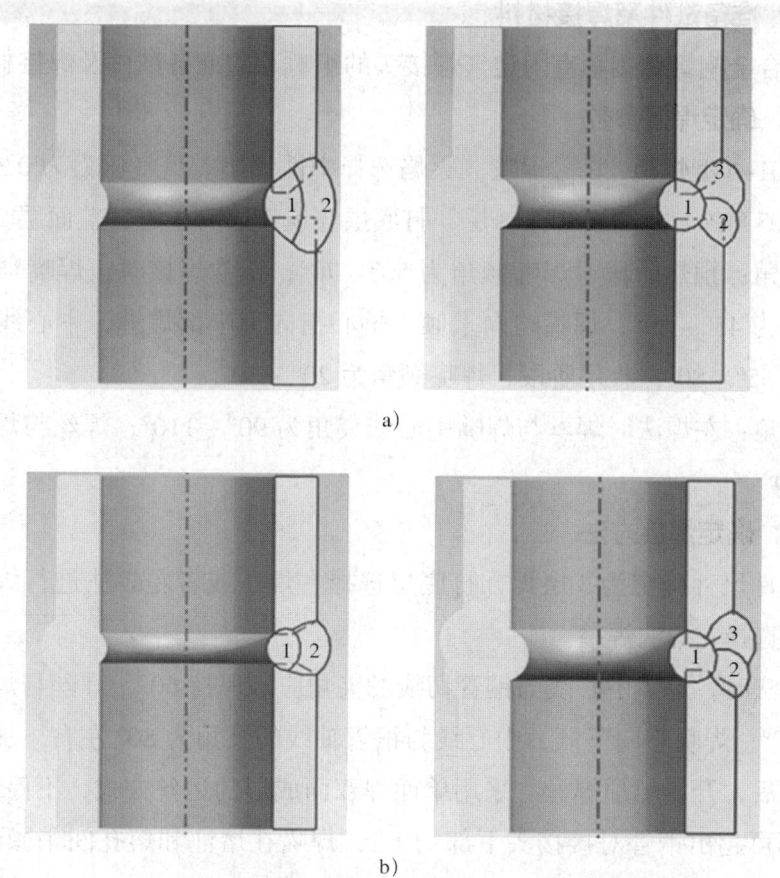

图2-29 低合金钢管垂直固定多层气焊焊接顺序
a）单V形坡口多层焊 b）双V形坡口多层焊

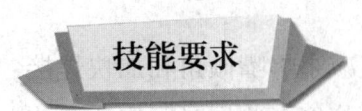

操作名称：低合金钢管对接垂直固定气焊

操作实施步骤

步骤1：准备辅助工具

准备好焊嘴通针、钢丝刷、錾子、手锤、锉刀、活动扳手、钢丝钳、点火枪、角磨机、直磨机及焊缝检验尺等。

步骤2：准备试件及焊接材料

同"低合金钢管对接垂直固定气焊接头的组对"的准备试件及焊接材料。

步骤3：确定焊接参数

使用H01-6型焊炬，3号焊嘴。火焰选择中性火焰。氧气压力为0.3 MPa，乙炔压力为0.03 MPa。共需要焊接3层，打底层与填充层为1道，盖面层2道。

焊嘴倾角：预热阶段，焊嘴倾角为50°~70°；正常焊接时，焊嘴与钢管切线方向的夹角为45°~60°，焊嘴略向上倾，焰心指向上半部焊缝，中心线与钢管轴线的夹角为65°~80°；收尾阶段，焊嘴倾角为20°~30°。

焊丝倾角：左焊法时焊丝与焊嘴中心线夹角为90°~110°；焊丝与焊嘴中心线的夹角为30°。

步骤4：确定焊接方法

依据试件尺寸确定为3层焊，打底层选择右焊法或者左焊法进行焊接，填充层与盖面层选择左焊法焊接。

用右焊法时，焊嘴中心线与钢管切线的夹角应该保持60°，焊丝与焊嘴中心线的夹角为30°，焊嘴略向下倾，中心线与钢管轴线的夹角为80°左右。加热起焊处形成小熔孔后，开始填加焊丝。采用单面焊双面成形的运丝方式，不停地向上挑，运丝范围不可超出钢管对接接头下部的1/2，焊嘴在熔池和熔孔间稍微前后摆动，并控制好温度。

用左焊法时，焊嘴与钢管切线方向的交角为45°~50°，焊丝与焊嘴中心线方向的夹角为 90°～110°。焊第一层时，焊嘴中心线与管子的轴线应为 80°～90°。焊接中层时，焊嘴角度不变，只是要略微往下移一点。焊接外层时，焊嘴倾角要根据焊道顺序进行调整，以防止熔化金属下淌。

步骤 5：试件组对

同"低合金钢管对接垂直固定气焊接头的组对"的组对。

步骤 6：焊接

1. 打底层的焊接

打底层的焊缝应保证背面成形良好。打底层的焊接有两种方法：非穿孔焊法或者穿孔焊法。其中非穿孔焊法较好掌握，但不适合于熔点高、合金成分多的金属与气温较低的情况。

（1）非穿孔焊法。非穿孔焊法是将气焊火焰放在如图 2-30 所示的位置，使焊嘴中心线与钢管焊接处的切线方向成 45°左右的倾斜角，并加热起焊点。当坡口钝边熔化并形成熔池后，立即向熔池中填丝。焊接过程中，焊嘴要不断地做圆圈运动，焊丝要一直处于熔池的前沿，但不要挡住火焰，以免产生未焊透缺欠，同时要不断地向熔池中填加焊丝。收尾时，应在钢管焊缝接头处重新熔化后，使火焰慢慢地离开熔池。

（2）穿孔焊法。焊接火焰对起焊处的上下坡口进行加热，并且焊丝端部也要置于外焰下加热。待坡口边缘熔化出现一个大于焊丝直径的熔孔，火焰外焰进一步靠近熔孔至 3～5 mm，此时加热过的焊丝端部需靠近熔化的上坡口熔孔内部，借助火焰的热量和吹力将熔化的填充金属与熔化的母材金属融合。然后，火焰与焊丝同时后移，形成背部略有凸起的焊点，如此反复形成焊缝。在焊接过程中，金属熔池的前端应始终保持一个小熔孔（烧穿），如图 2-31 所示。穿孔焊法的焊炬型号、焊嘴型号和焊丝直径应依据管壁的厚度进行选择。

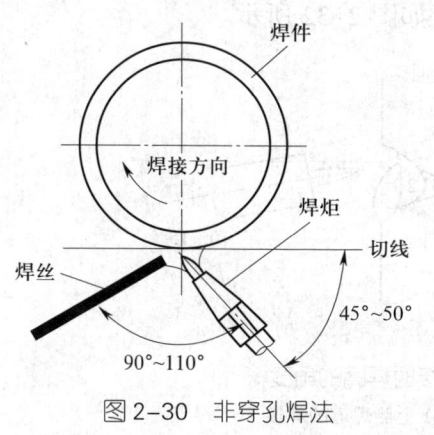

图 2-30 非穿孔焊法

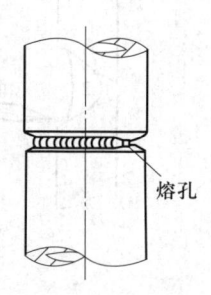

图 2-31 穿孔焊法

焊接过程中要使小孔不断前移，同时不断向熔池中添加焊丝形成焊缝。焰心端部到熔池的间距一般应保持在 4~5 mm。间距过大会使火焰的穿透能力减弱，不易形成小熔孔；间距过小，火焰焰心容易触及金属熔池，使焊缝产生夹渣、气孔等缺欠。

在保证焊透的前提下，焊接速度应适当地加快。焊嘴一般要做圆圈运动，一方面可以搅拌熔池，有利于杂质和气体逸出，直至收尾处的熔池填满后，方可撤离焊炬。气体溢出可避免夹渣和气孔等缺欠的产生，也可以调节并保持熔孔的直径。

中途停止焊接后，若需要再继续焊接，必须将前一道焊缝的熔坑熔透出现熔孔，然后再用穿孔焊法向前焊接。

收尾时，可稍稍抬起焊炬，用外焰保护熔池，同时不断填加焊丝，直至收尾处的熔池填满后方可撤离焊炬。

2. 填充层与盖面层的焊接

焊接填充层时，层与层之间起焊点的间距应保持在 20 mm 以上。起焊时，必须待起焊处的底层焊缝金属熔化并形成规则的熔池后，方可向熔池中添加焊丝。每层焊缝尽量一次焊完。若中途停止焊接，需再次焊接时，应待前焊缝的熔坑重新形成熔池后，才可向前施焊。填充层焊接时，火焰能率可以适当加大一些，并多添加焊丝来提高焊接效率。为保证边缘熔合质量，填充层焊道中心宜略低于钢管表面。

盖面层焊接时，火焰能率应适当小一些，焊接速度可快些，保持熔深较小的熔池，有利于保证焊缝表面成形良好。先焊坡口下侧焊道，后焊上侧焊道；焊接下侧盖面焊道时，焊嘴以填充层焊道的下边缘为中心摆动，使熔池的上沿超出坡口下棱边 0.5~1.5 mm；焊接盖面层上侧焊道时，焊嘴以填充层焊道的上边缘为中心摆动，使熔池的上沿超过坡口上棱边 0.5~1.5 mm，熔池的下沿应与下侧盖面层焊道平滑过渡，保证盖面层焊道表面匀整，如图 2-32 所示。

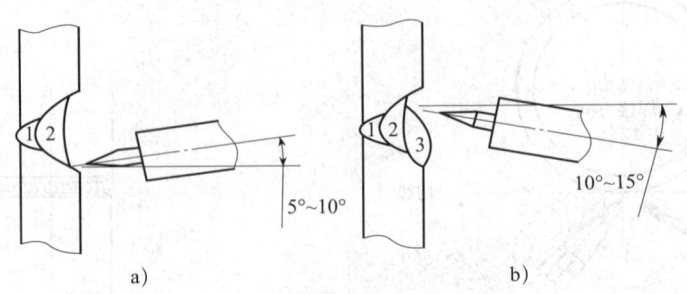

图 2-32 盖面层焊接时焊嘴的角度
a）下侧焊道的焊接 b）上侧焊道的焊接

收尾时应注意使收尾焊缝终端和始端重叠 10 mm 左右，火焰需逐渐地离开熔池，以防止熔池金属被氧化。火焰慢慢抬高并离开熔池的同时，焊丝填丝量要减小，控制收尾最后部位的熔池不断缩小并填满后，火焰才能离开，如图 2-33 所示。气焊收尾时要做到倾角小、焊速增、加丝快、熔池满。

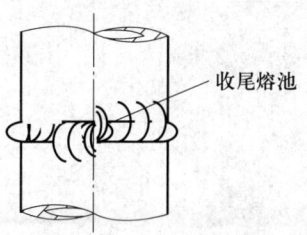

图 2-33　低合金钢管对接垂直固定气焊收尾示意图

步骤 7：关闭设备

焊接火焰的熄灭首先关闭乙炔调节阀，然后再关闭氧气调节阀，最后关闭气瓶和减压阀的阀门。如果先关闭氧气调节阀，会冒烟或产生回火现象。注意关闭氧气和乙炔调节阀不要过紧（不漏气即可），以防磨损变大，降低焊炬的使用寿命。

培训项目 三 焊后检查

能对低合金钢管对接垂直固定气焊接头进行外观质量自检。

一、气焊接头外观尺寸要求

焊缝表面不得有裂纹、未熔合、气孔、焊瘤和未焊透等缺欠。

外形尺寸是气焊质量最基本的要求,主要包括下面几个方面。

1. 气焊焊缝的外形应该均匀、美观且纹路清晰。焊道与基体金属之间应平滑过渡,没有高低不平的现象。

2. 咬边的深度不能超过 0.5 mm,焊缝两侧咬边总长度不得超过焊缝长度的 10%。

3. 气焊焊缝最大宽度 C_{max} 和最小宽度 C_{min} 的差值,在任意 50 mm 的焊缝长度范围内不得大于 4 mm,整个焊缝长度范围内不得大于 5 mm。

4. 气焊焊缝边缘直线度 f,在任意 300 mm 连续焊缝长度内小于或等于 3 mm。

5. 气焊焊缝表面凹凸量,在焊缝任意 25 mm 长度范围内,焊缝余高的差值 ($h_{max}-h_{min}$) 不得大于 2 mm。

6. 角变形量不应超过 3°。

7. 管子外径 $d \geq 76$ mm 的管材对接焊缝试件背面焊缝的余高应不大于 3 mm。

8. 管子外径 $d<76$ mm 的管材对接焊缝试件应进行通球检查,当外径 $d \geq 32$ mm

时，通球直径为管内径的 85%；当外径 d<32 mm 时，通球直径为内径的 75%。

9. 错边量不得大于 10%T 与 2 mm 两者之间的较小值。

二、焊缝的外观检查方法

直接目视检测：当能够充分靠近，可采用直接的目视检验，并可借助于放大镜之类的工具来帮助检验。

间接目视检测：在有些情况下，可能需要用远距离的目视检验来代替直接检验。远距离的目视检验还可以辅以各种反光镜、望远镜、内窥镜、光导纤维、照相机或其他合适的仪器。这些系统的分辨率至少应和直接目视检验相当。

焊缝外观尺寸通过焊接检验尺的不同位置和刻度进行测量焊缝。

三、焊接接头外观自检记录表格

焊接接头外观自检记录表格见表 2-12。

表 2-12　低合金钢管对接垂直固定气焊接头外观自检记录表格

焊接方法		机械化程度	
试件材质		焊接材料	
试件规格		施焊人	
施焊日期		鉴定项目	
试件外观检查			
表面气孔	表面裂纹	未焊透	未熔合	烧穿和下塌	焊瘤	错边
角变形	焊缝外形	过热	凹坑/通球检查	弧坑	直线度	凹凸量

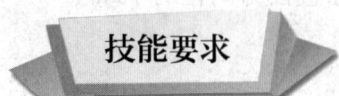

操作名称：低合金钢管对接垂直固定气焊接头表面缺欠及外观质量自检

操作实施步骤

目视检测 ➡ 使用焊缝检验尺测量尺寸

步骤1：目视检测

在大于 1 000 lx 光照强度的地方，肉眼或利用放大镜观察焊缝，自检焊缝及其边缘表面是否有裂纹、气孔、未熔合、烧穿、咬边、焊瘤、错边、未焊透、弧坑等缺欠，并且进行相关记录。

步骤2：使用焊缝检验尺测量尺寸

使用焊缝检验尺测量咬边、错边量、焊缝余高、焊缝宽度等。

第三篇 高级工

职业模块 一
低合金钢管垂直固定气焊

培训项目一 焊前准备

培训单元1 低合金钢管垂直固定气焊焊丝的选用

1. 掌握低合金钢的分类。
2. 掌握低合金高强度结构钢的焊接性。
3. 掌握低合金钢管对接垂直固定气焊用焊丝的种类及选用原则。

一、低合金钢分类

合金结构钢的应用领域广泛,可根据用途来进行分类,也可根据化学成分、合金系统或组织状态等进行分类。低合金结构钢中合金元素总的质量分数一般不超过5%。以提高钢的强度并保证其具有一定的塑性和韧性。合金元素总的质量分数为5%~10%的称为中合金钢,大于10%的称为高合金钢。低合金钢大致可分为4类:高强度结构钢、耐蚀钢、低温钢及珠光体耐热钢。

高强度结构钢是在碳素结构钢(w_c=0.16%~0.2%)的基础上加入少量合金元素而制成的,具有良好的焊接性能、塑韧性、加工工艺性和耐蚀性,较高的强度和较低的冷脆临界转换温度。它的牌号表示方法与碳素结构钢基本相同。它适用于制造桥梁、船舶、车辆、铁道、高压容器、锅炉、汽车、拖拉机、大型钢结构及大型军事工程等方面的结构件。GB/T 1591—2018《低合金高强度结构钢》规定了该钢种的牌号表示方法、订货内容、尺寸、外形、重量、技术要求、试验方法、检验规则、包装、标志和质量证明书等。

耐蚀钢是在碳素钢的基础上为改善钢的耐蚀性能,添加适量的一种或几种合金元素的低合金钢,如12MnCuCr、09MnCuPTi、09CuPCrNi、12AlMoV、12Cr2AlMoV、12AlMo和15Al3MoWTi等。该钢种的主要特点是在不同腐蚀环境中的耐蚀性能明显优于碳素钢和其他普通低合金钢,但是为改善钢的耐蚀性能而添加的合金元素,往往使钢的强度提高的同时韧性和焊接性变差。按其耐蚀性特点和使用领域可分为耐大气腐蚀低合金钢、耐海水腐蚀低合金钢、耐盐卤腐蚀低合金钢、耐硫化物应力腐蚀低合金钢、抗氢腐蚀低合金钢和抗硫酸露点腐蚀低合金钢等。

低温钢中大部分是一些含Ni或无Ni的低合金钢,一般在正火或调质状态使用,主要用于各种低温装置（-40～-196 ℃）和严寒地区的一些工程结构,如液化石油气、天然气的储存容器等。与普通低合金钢相比,低温钢必须保证在相应的低温下具有足够高的低温韧性,但对强度无特殊要求,比如09Mn2V、06AlCuNbN、2.5Ni和3.5Ni等。

珠光体耐热钢是基体为珠光体或贝氏体组织的低合金耐热钢,主要有铬钼和铬钼钒系列,后来又发展了多元（如铬、钨、钼、钒、钛、硼等）复合合金化的钢种,钢的持久强度和使用温度逐渐提高。其组织除珠光体外,也包括贝氏体钢,主要牌号有12CrMo、15CrMo、2.25Cr1Mo、12Cr1MoV和15Cr1Mo1V等。珠光体耐热钢在450～620 ℃有良好的高温蠕变强度及工艺性能,且导热性好,膨胀系数小,价格较低,广泛用于制作450～620 ℃范围内各种耐热结构材料,如电站用锅炉钢管、汽轮机叶轮、炼油及化工用的高压容器、废热锅炉、加热炉管和热交换器管等。

二、低合金高强度结构钢的焊接性

1. 低合金高强度结构钢热影响区的淬硬倾向

低合金钢的热影响区有较大的淬硬倾向,并且随着屈服强度等级的提高,热影响区的脆硬倾向也就显著增加。但是对于强度等级较低而且含碳量较少的一些普通低合金钢,如09Mn2、09Mn2Si及09MnV等,其热影响区的淬硬倾向并不大。

2. 低合金高强度结构钢的冷裂纹倾向

裂纹主要在强度等级高的厚板中容易产生，产生冷裂纹的三个因素：焊缝及热影响区的含氢量、热影响区的淬硬程度、接头的刚性所决定的焊接残余应力。一般随着普通低合金钢强度等级的提高，其焊接热影响区的冷裂倾向显著加大（尤其是在厚板中）。冷裂纹一般是在焊后冷却过程中产生，在刚度较大的焊接接头中，这种冷裂纹还具有延迟性，即焊后停放一段时间（几小时、几天、甚至十几天）才出现，所以这种焊接冷裂纹又称为延迟裂纹。因此，对刚性大的焊接结构，焊后必须及时进行消除应力处理。

此外，在低合金高强度钢焊后热处理过程中还有可能出现再热裂纹，在焊接时应尽量采用强度较低的焊接材料，使得焊后热处理过程中发生的变形集中在焊缝金属处，以避免热影响区开裂。再者，对于大厚度轧制低合金钢板的焊接，在三通管接头及丁字接头的角焊缝处的热影响区有可能产生与板表面平行的裂纹，称为层状撕裂。

采用气焊进行焊接的多是强度为 300~350 MPa 等级的低合金高强度薄钢板，这类低合金高强度结构钢的焊接性能好，也完全可以采用低碳钢的气焊方法，没有特殊工艺要求。

对 350 MPa 以上等级的低合金高强度结构钢，由于强度级别增高，并含有一定量的合金元素，因而淬硬倾向较低碳钢要大。在结构刚性大、冬季室外施工、气温低的情况下，有冷裂的倾向，所以，这时在焊前应少许预热。气焊本身有预热、缓冷的作用，故对焊接有利。预热方法主要有火焰（氧＋乙炔、氧＋液化石油气、氧＋煤气等）加热法、工频感应加热法、热处理炉加热法、烘干炉加热法及远红外线加热法等。预热宽度一般在坡口每侧 75~100 mm 范围内，保持均匀加热。对于厚度大的焊件，加热宽度适当加大。

三、低合金钢管对接垂直固定气焊用焊丝的种类及选用

低合金钢管的气焊过程中，熔池金属的烧损比其他焊接方法要大，所以需按照合金成分以及强度类别选择焊丝，表 3-1 给出了部分低合金耐热钢与低合金结构钢焊丝的选用。气焊丝的化学成分应基本与焊件一致，从而保证焊缝的力学性能，低合金钢管气焊常用焊丝的化学成分见表 3-2。

表3-1 常用低合金钢管气焊焊接材料选用表

类别	钢材牌号	焊丝牌号	预热温度 T(℃)
低合金耐热钢	15CrMo	H13CrMoA	≥150
	12Cr5Mo		≥300
	12CrMo		≥150
低合金结构钢	16Mn 16MnR 20MnMo	H08Mn2SiA H10Mn2 H10MnSi	—
	15MnVR	H08Mn2SiA H10Mn2 H10MnSi	—
	18MnMoNbR	H08Mn2SiA H08MnMoA	—

表3-2 低合金钢气焊常用焊丝的化学成分

牌号	化学成分（质量分数，%）								
	C	Mn	Si	Cr	Ni	Mo	V	S	P
H08Mn2SiA	≤0.11	1.80~2.10	0.65~0.95	≤0.20	≤0.30	—	—	≤0.030	≤0.030
H10Mn2	≤0.12	1.50~1.90	≤0.07			—		≤0.035	≤0.035
H08CrMoA	≤0.10	0.40~0.70	0.15~0.35	0.80~1.10		0.40~0.60		≤0.030	≤0.030
H13CrMoA									
H08CrMoVA	0.11~0.16			1.00~1.30		0.50~0.70	0.15~0.35		

培训单元2 低合金钢管垂直固定气焊接头形式

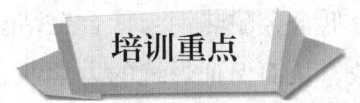

掌握低合金钢管垂直固定气焊的接头形式。

中级工篇的职业模块三给出的低合金钢管垂直固定气焊对接接头形式适用于所焊钢管的壁厚、管径一致时。当两个被焊管件的直径或壁厚不同时,可采用图 3-1 的接头形式进行焊接。图 3-1a 为低合金钢管垂直固定搭接接头,其焊缝为角焊缝;图 3-1b 为等内径,但壁厚不同的低合金钢管垂直固定对接接头,其焊缝为对接焊缝与角焊缝的组合焊缝;图 3-1c 为等外径,但壁厚不同的低合金钢管垂直固定锁底接头,其焊缝为对接焊缝;图 3-1d 为薄壁低合金钢管内径大于厚管,而外径小于厚管的锁底接头,其焊缝为对接焊缝与角焊缝的组合焊缝。

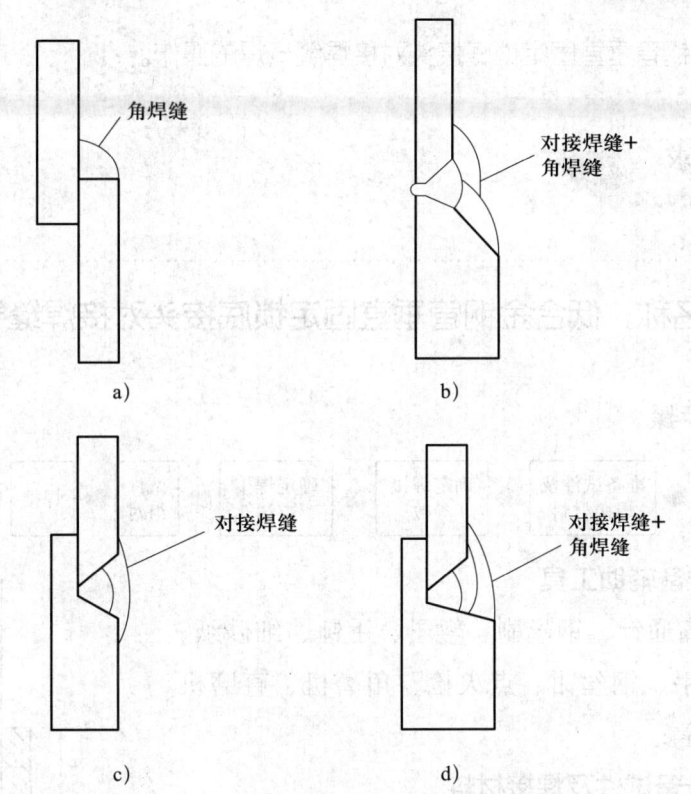

图 3-1 低合金钢管垂直固定气焊的接头形式
a)角焊接 b)对接焊缝 + 角焊缝 c)对接焊缝 d)对接焊缝 + 角焊缝

培训项目 二

焊接操作

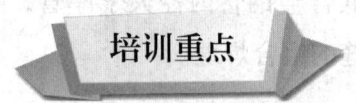

掌握低合金钢管垂直固定锁底接头对接焊缝气焊的操作。

操作名称：低合金钢管垂直固定锁底接头对接焊缝气焊

操作实施步骤

步骤1：准备辅助工具

准备好焊嘴通针、钢丝刷、錾子、手锤、细砂纸、锉刀、活动扳手、钢丝钳、点火枪、角磨机、直磨机及焊缝检验尺等。

步骤2：准备试件及焊接材料

试件材料：Q355B钢管。

试件尺寸及数量：$\phi 60 \, mm \times 4 \, mm \times 150 \, mm$，1件；$\phi 60 \, mm \times 7 \, mm \times 150 \, mm$，一端减薄至 $3_{-0.2}^{\ 0} \, mm$，1件。开V形坡口，其接头形式及尺寸如图3-2所示。

先将待焊管子固定好，然后使用直磨机将试件待

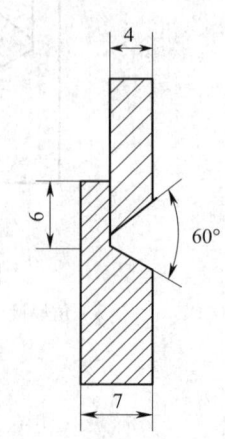

图3-2 低合金钢管对接垂直固定锁底接头对接焊缝

焊处及附近两侧 20~30 mm 范围内的铁锈、油污、积渣及其他有害物质去除干净，露出金属光泽。

焊接材料：H08MnA 焊丝，直径为 2.0 mm。使用细砂纸打磨焊丝表面，去除油污。

步骤 3：确定焊接参数

使用 H01-6 型焊炬，3 号焊嘴。火焰选择中性火焰。氧气压力为 0.3 MPa，乙炔压力为 0.03 MPa，共需要焊接 2 层，每层 1 道。

步骤 4：确定焊接方法

依据试件尺寸确定：双层焊，左焊法进行焊接。

步骤 5：试件组对

管子外径为 60 mm 时，应间隔为 120° 进行 3 处定位焊接，定位焊缝位置为"时钟的 4 点、8 点和 0 点"，试件空间位置如图 3-3 所示。定位焊长度为 5~10 mm，定位焊时要遵循焊接设备操作规程。

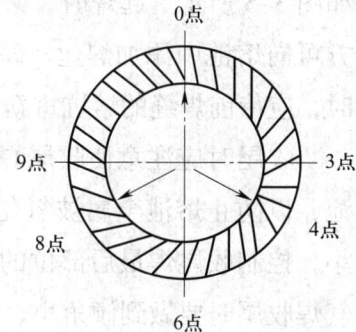

图 3-3 试件空间位置

步骤 6：焊接

1. 打底层的焊接

锁底接头的打底层焊接一般采用非穿孔焊法。由于壁厚不同，起焊时，先用火焰加热管壁厚的管子四周，当其加热至暗红色时，将火焰逐渐移至壁厚管子的底部进行加热，然后转移至薄板。当起焊处熔化并形成熔池后，立即向熔池中填丝。焊接时，焊嘴中心线与钢管焊接处的切线方向成 45° 左右的倾斜角，焊丝与焊嘴夹角为 90°~110°，如图 3-4a 所示。焊第一层时，焊嘴中心线与管子的轴线应为 80°~90°，如图 3-4b 所示。

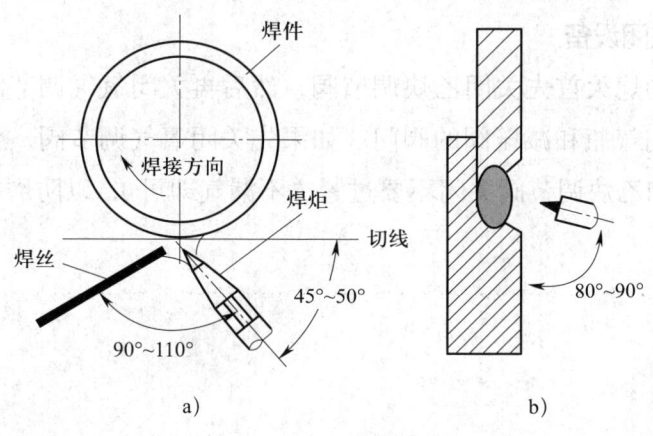

图 3-4 打底层焊接
a）焊丝与焊嘴夹角 b）焊嘴中心线与管子轴线夹角

焊接过程中，焊嘴要始终不断地做圆圈运动，焊丝要一直处于熔池的前沿，但不要挡住火焰，同时要不断地向熔池中填加焊丝。收尾时，可稍稍抬起焊炬，用外焰保护熔池，同时不断填加焊丝，直至收尾处的熔池填满后，方可撤离焊炬。

2. 盖面层的焊接

焊接盖面层时，层与层之间起焊点的间距应保持在 20 mm 以上，其焊嘴角度如图 3-5 所示。起焊时，必须待起焊处的底层焊缝金属熔化并形成规则的熔池后，方可向熔池中添加焊丝。每层焊缝尽量一次焊完。若中途停止焊接，需再次焊接时，应待前焊缝的熔坑重新形成熔池后，才可向前施焊。

收尾时应注意使收尾焊缝终端和始端重叠 10 mm 左右，火焰需逐渐地离开熔池，以防止熔池金属被氧化。火焰慢慢抬高并离开熔池的同时，焊丝填丝量要减小，控制收尾焊最后部位的熔池不断缩小并填满后火焰才能离开，如图 3-6 所示。气焊收尾时要做到倾角小、焊速增、加丝快、熔池满。

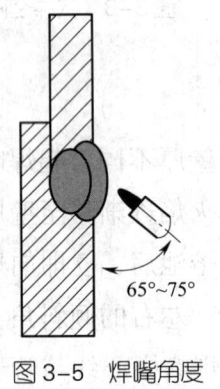

图 3-5 焊嘴角度

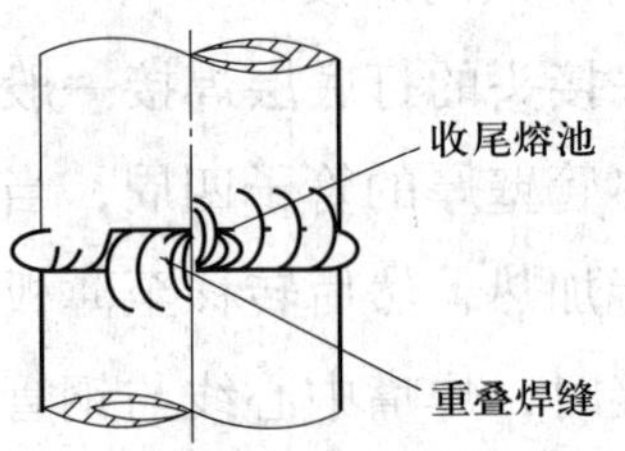

图 3-6 低合金钢管垂直固定气焊收尾示意图

步骤 7：关闭设备

焊接火焰的熄灭首先关闭乙炔调节阀，然后再关闭氧气调节阀，即熄灭焊接火焰，最后关闭气瓶和减压阀的阀门。如果先关闭氧气调节阀，会冒烟或产生回火现象。氧气和乙炔调节阀关闭不要过紧（不漏气即可），以防磨损过大，降低焊炬的使用寿命。

培训项目 三

焊后检查

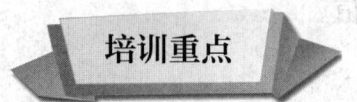

能对低合金钢管垂直固定气焊锁底接头进行外观质量自检。

一、气焊接头外观尺寸要求

焊缝表面不得有裂纹、未熔合、气孔、焊瘤和未焊透等缺欠。

外形尺寸是气焊质量最基本的要求，主要包括下面几个方面。

1. 气焊焊缝的外形应该均匀、美观且纹路清晰。焊道与基体金属之间应平滑过渡，没有高低不平的现象。

2. 咬边的深度不能超过 0.5 mm，焊缝两侧咬边总长度不得超过焊缝长度的 10%。

3. 气焊焊缝最大宽度 C_{max} 和最小宽度 C_{min} 的差值，在任意 50 mm 的焊缝长度范围内不得大于 4 mm，整个焊缝长度范围内不得大于 5 mm。

4. 气焊焊缝边缘直线度 f，在任意 300 mm 连续焊缝长度内小于等于 3 mm，焊缝边缘沿焊缝轴向的直线度 f 如图 3-7 所示。

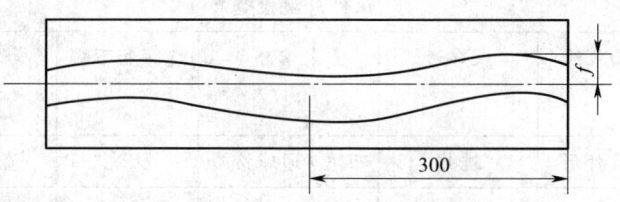

图 3-7 焊缝边缘直线度 f 的确定

5. 气焊焊缝表面凹凸量,在焊缝任意 25 mm 长度范围内,焊缝余高($h_{max}-h_{min}$)的差值不得大于 2 mm,如图 3-8 所示。

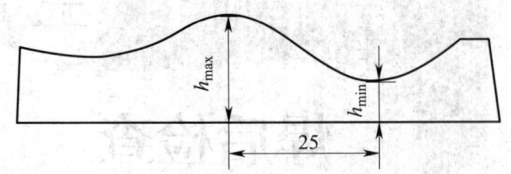

图 3-8　焊缝表面凹凸示意图

6. 角变形量不应超过 3°。

7. 错边量不得大于 $10\%T$ 与 2 mm 两者之间的较小值。

二、焊缝的外观检查方法

直接目视检测:当能够充分靠近,可采用直接的目视检验,并可借助于放大镜之类的工具来帮助检验。

间接目视检测:在有些情况下,可能需要用远距离的目视检验来代替直接检验。远距离的目视检验还可以辅以各种反光镜、望远镜、内窥镜、光导纤维、照相机或其他合适的仪器。这些系统的分辨率至少应和直接目视检验相当。

焊缝外观尺寸通过焊接检验尺的不同位置和刻度进行测量焊缝。

三、焊接接头外观自检记录表格

焊接接头外观自检记录表格见表 3-3。

表 3-3　低合金钢管垂直固定气焊锁底接头外观自检记录表格

焊接方法			机械化程度		
试件材质			焊接材料		
试件规格			施焊人		
施焊日期			鉴定项目		
试件外观检查					
表面气孔	表面裂纹	未焊透	未熔合	烧穿和下塌	焊瘤	错边
角变形	焊缝外形	过热	凹坑/通球检查	弧坑	直线度	凹凸量

操作名称：低合金钢管垂直固定气焊锁底接头表面缺欠及外观质量自检

操作实施步骤

目视检测 ➡ 使用焊缝检验尺测量尺寸

步骤1：目视检测

在大于 1 000 lx 光照强度的地方，肉眼或利用放大镜观察焊缝，自检焊缝及其边缘表面是否有裂纹、气孔、未熔合、烧穿、咬边、焊瘤、错边、未焊透和弧坑等缺欠，并且进行相关记录。

步骤2：使用焊缝检验尺测量尺寸

使用焊缝检验尺测量咬边、错边量、焊缝余高和焊缝宽度等。

职业模块 二
低合金钢管对接水平固定气焊

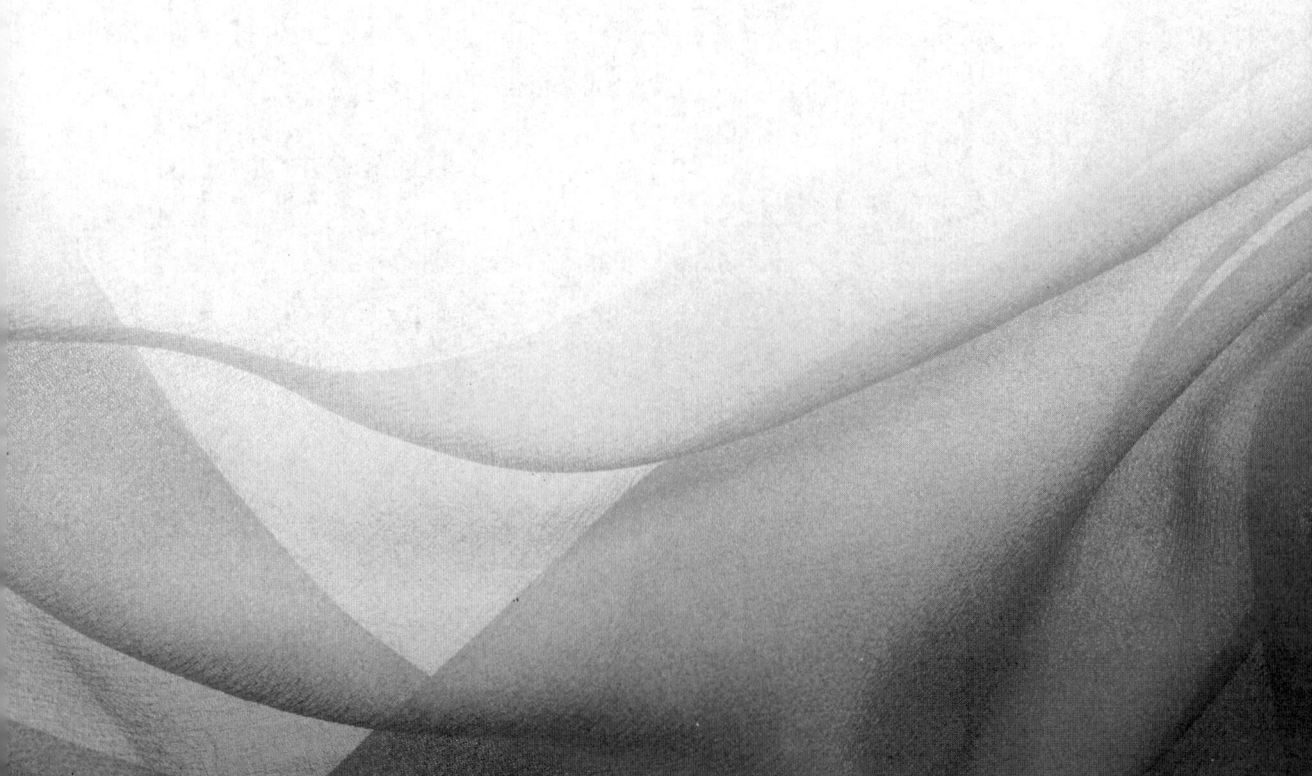

培训重点

掌握低合金钢管对接水平固定气焊的操作及焊后检验。

知识要求

低合金钢管对接水平固定气焊属于全位置焊接，操作较为困难，其焊接位置如图3-9所示。因为焊缝属于环形，焊嘴与焊丝应绕着管子旋转，在此过程中通常要使焊嘴和焊丝的夹角为90°，焊丝、焊嘴与焊件的夹角为45°。焊接时，要依据壁厚和熔池形状的变化，来及时调整角度，从而保持不同位置时的熔池形貌一致，既能焊透又不至于过烧或烧穿。焊接时要采用较小的火焰能率进行焊接。

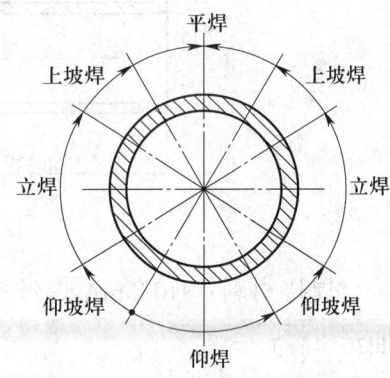

图3-9 低合金钢管对接水平固定气焊位置

要注意：仰焊时焊嘴与焊丝要配合得当，焊丝不应填加过度，根据熔池形状的变化，不断调整气焊火焰对熔池的加热时间。

技能要求

操作名称：低合金钢管对接水平固定气焊

操作实施步骤

步骤1：准备辅助工具

准备好焊嘴通针、钢丝刷、錾子、手锤、细砂纸、锉刀、活动扳手、钢丝钳、点火枪、角磨机、直磨机及焊缝检验尺等。

步骤2：准备试件及焊接材料

试件材料：Q355B钢管。

试件尺寸及数量：$\phi 60\,mm \times 4\,mm \times 150\,mm$，两件，开V形坡口。

先将待焊管子固定好,然后使用直磨机将试件待焊处及附近两侧 20~30 mm 范围内的铁锈、油污、积渣及其他有害物质去除干净,露出金属光泽。使用锉刀或者角磨机修整坡口钝边,使钝边尺寸在 0.5~1.0 mm,试件、坡口、根部间隙及钝边等尺寸如图 3-10 所示。

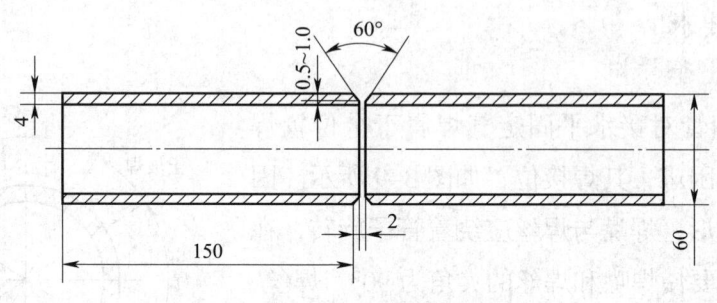

图 3-10 试件坡口形式及尺寸

焊接材料:H08MnA 焊丝,直径为 2.0 mm。使用细砂纸打磨焊丝表面,去除油污。

步骤 3:确定焊接参数

使用 H01-6 型焊炬,3 号焊嘴。火焰选择中性火焰。氧气压力为 0.3 MPa,乙炔压力为 0.03 MPa。

步骤 4:确定焊接方法

为了保证焊透,无论选用左焊法还是右焊法都应采用穿孔焊法进行焊接。焊接过程中要观察小孔直径,直径以坡口边缘出现 1.5~2 mm 熔化缺口为宜。

步骤 5:试件组对及进行定位焊接

管子外径为 60 mm 时,应间隔 120° 进行 3 处定位焊接,定位焊缝位置为"时钟的 4 点、8 点和 0 点",试件定位焊的空间位置如图 3-11 所示。定位焊长度为 5~10 mm,定位焊时要遵循焊接设备操作规程。

检查管径圆周的错边量,应均不大于 0.5 mm,如超标应磨掉重新进行定位焊接。如错边量满足要求,应将定位焊缝的两端使用角磨机加工成陡坡状,如图 3-12 所示。

步骤 6:焊接

水平固定管应分成两个半圈进行焊接,如图 3-13 所示。焊接前半圈时,起点和终点都要超过管子的垂直中心线,其超出长度一般为 5~

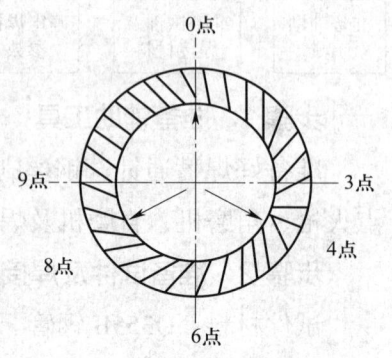

图 3-11 管子定位焊位置

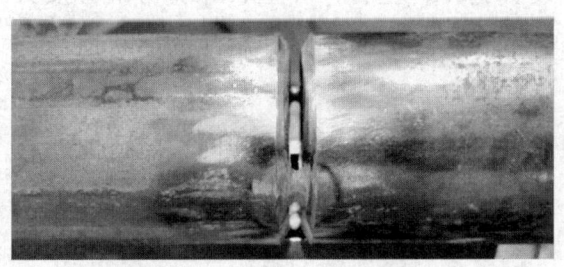

图 3-12 修整后的定位焊缝

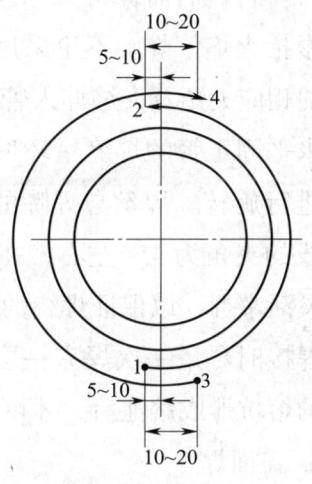

图 3-13 水平固定管起点和终点焊接示意图

10 mm，即从 1 点焊接到 2 点。焊接后半圈时，起点和终点都要和前段焊缝搭接 10~20 mm，以防止在起焊点和收尾处产生焊接缺欠，即从 3 点焊接到 4 点。

1. 打底焊

水平固定管的根部起焊点在仰焊位置，焊接时焊嘴和焊丝配合要得当，为保证根部焊透及防止仰焊位置产生塌腰的缺欠，最好采用右焊法施焊。为防止塌腰可采取如下操作：起焊时要对焊接区域进行预热，温度升高后将火焰焰心指向仰焊起焊位置坡口处加热，同时将焊丝顶端适当预热，当坡口熔化形成熔池时，将带熔珠的焊丝顶端快速从对口间隙中伸入管子内壁。一般情况下，伸入熔池的液态金属高于管子内壁约 1 mm；焊丝未熔化的端头高于管子内壁 2~3 mm，同时火焰的焰心随焊丝端头一起伸入，在保证管壁坡口熔化的同时，重点加热焊丝端头。焊丝与火焰要配合搅拌运动，随着焊缝位置的改变调整焊丝伸入的长度及火焰中心的位置，就能得到满意的仰焊位置焊缝背面高度。仰焊位置根部接头时，火焰在先焊焊缝 5~10 mm 处加热，形成熔池后加少量焊丝向前施焊，接近收尾处应增加焊丝填入量和送丝力度，并加强焊丝、火焰的搅拌运动，使先焊焊缝尾部消失，仰焊位置的接头便完成。平焊位置根部封口时，要使熔池深度适当，距连接焊缝约 10 mm 时，应缓慢降低火焰、焊丝的搅拌速度和焊接速度。距封口处 3~4 mm 时，火焰、焊丝不要画圈搅拌，而应轻轻地左右摆动，以防润湿性较好的液体金属铺流封口、下淌。当焊缝接头处的熔化金属在气流作用下流动时，应继续熔焊 3~5 mm，然后稍提起火焰焰心，同时用焊丝搅拌熔池向前运动，连接两焊缝而完成封口。封口后需保持火焰、焊丝的搅拌继续向前施焊 3~5 mm，待熔池填满后再慢慢抬火焰停焊。不论采用左焊法还是右焊法都应注意火焰、焊丝、焊件三者之间的相应夹角及火焰伸入管子内壁的长度。

水平固定管的焊缝呈环形，是全位置焊缝，焊接过程中要将焊丝、焊嘴绕着管子进行旋转。焊丝与焊嘴的夹角应始终保持 90° 左右，焊丝、焊嘴与钢管接头处切线的夹角为 45° 左右，在实际操作中需根据管壁的厚度和熔池的形状适当调整和灵活掌握，以保证焊缝的质量。

焊接时尽量一次焊完一层，如果中途停止焊接，需再次焊接时，应待前一层焊缝的熔坑形成熔池后，才可继续焊接。

2. 盖面焊

盖面焊前，要彻底清理焊缝。盖面焊的起焊位置要与打底焊相距 20 mm 以上，必须待打底层金属熔化后才能向熔池中加入焊丝，其接头方法与打底焊基本相同，但火焰能率要小一些，使坡口边缘的母材熔化 1~2 mm，要圆滑过渡，以防出现咬边缺欠。

水平固定管的表面焊还可采用多道焊进行。由于水平固定管根部焊缝比较宽厚，特别是采用根部重叠接头时，接头位置的根部焊缝往往超过管子外壁 1~2 mm，采用表面两道焊时焊接熔池较小，操作相对容易，焊缝成形良好。焊接第一道焊缝时，最好采用左焊法，利用焊接火焰预热并熔化根部焊缝的余高。焊接时控制好与母材的熔合，做到熔合母材 0.5~1 mm。表面第二道焊缝时，既要注意与母材的熔合，还要注意控制好覆盖第一道焊缝的位置。第二道焊缝部分覆盖第一道焊缝，将焊缝表面最高点移向焊缝中心位置，可以使焊缝成形美观。

步骤 7：关闭设备

先关闭焊炬的乙炔调节阀，再关闭焊炬的氧气调节阀，最后关闭气瓶和减压阀的阀门。

步骤 8：焊缝的外观检查

1. 气焊接头外观尺寸要求

焊缝表面不得有裂纹、未熔合、气孔、焊瘤和未焊透等缺欠。

外形尺寸是气焊质量最基本的要求，主要包括下面几个方面。

（1）气焊焊缝的外形应该均匀、美观且纹路清晰。焊道与基体金属之间应平滑过渡，没有高低不平的现象。

（2）咬边的深度不能超过 0.5 mm，焊缝两侧咬边总长度不得超过焊缝长度的 10%。

（3）气焊焊缝最大宽度 C_{max} 和最小宽度 C_{min} 的差值，在任意 50 mm 的焊缝长度范围内不得大于 4 mm，整个焊缝长度范围内不得大于 5 mm。

（4）气焊焊缝边缘直线度 f，在任意 300 mm 连续焊缝长度内小于或等于 3 mm。

（5）气焊焊缝表面凹凸量，在焊缝任意 25 mm 长度范围内，焊缝余高的差值（$h_{max}-h_{min}$）不得大于 2 mm。

（6）角变形量不应超过 3°。

（7）管子外径 $d \geq 76$ mm 的管材对接焊缝试件背面焊缝的余高应不大于 3 mm。

（8）管子外径 $d<76$ mm 的管材对接焊缝试件应进行通球检查，当外径 $d \geq 32$ mm 时，通球直径为管内径的 85%；当外径 $d<32$ mm 时，通球直径为内径的 75%。

（9）错边量不得大于 10%T 与 2 mm 两者之间的较小值。

2. 焊缝的外观检查方法

直接目视检测：当能够充分靠近，可采用直接的目视检验，并可借助于放大镜之类的工具来帮助检验。

间接目视检测：在有些情况下，可能需要用远距离的目视检验来代替直接检验。远距离的目视检验还可以辅以各种反光镜、望远镜、内窥镜、光导纤维、照相机或其他合适的仪器。这些系统的分辨率至少应和直接目视检验相当。

焊缝外观尺寸通过焊接检验尺的不同位置和刻度进行测量焊缝。

3. 焊接接头外观自检记录表格

焊接接头外观自检记录表格见表 3-4。

表 3-4 低合金钢管对接水平固定气焊接头外观自检记录表格

焊接方法		机械化程度	
试件材质		焊接材料	
试件规格		施焊人	
施焊日期		鉴定项目	
试件外观检查			
表面气孔	表面裂纹	未焊透	未熔合	烧穿和下塌	焊瘤	错边
角变形	焊缝外形	过热	凹坑/通球检查	弧坑	直线度	凹凸量

职业模块 三
低合金钢管对接 45°固定气焊

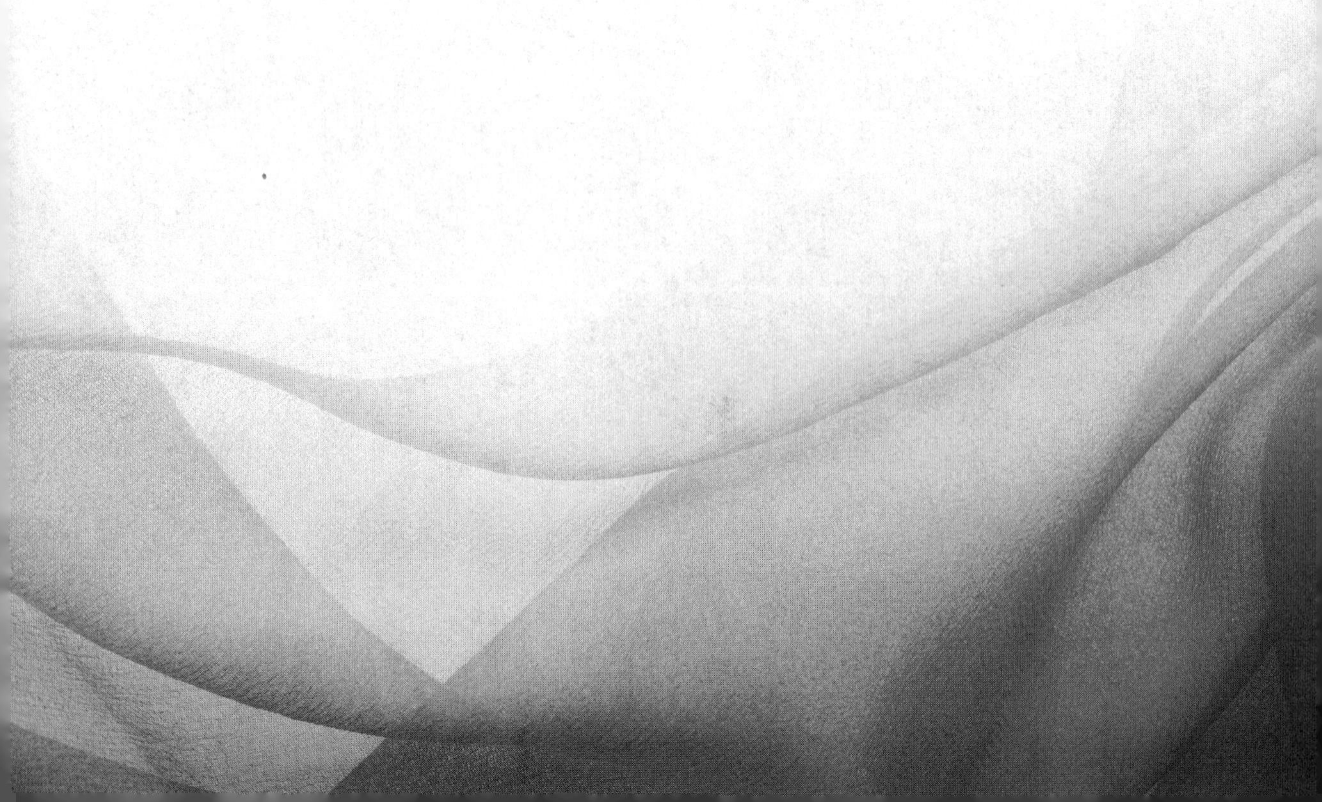

掌握低合金钢管对接 45° 固定气焊试件的组对及焊后检查。

钢管 45° 固定焊接介于垂直固定焊与水平固定焊之间，其焊接方法有很多相同之处，其接头形式如图 3-14 所示。焊接时，将整个试件以垂直中心线（0 点、6 点连线）分为两个半圈，以 6 点到 12 点（顺时针）为前半圈，另一半（逆时针）为后半圈。每个半圈由斜仰、斜立、斜平焊三种位置组成。操作时，要使熔滴在很短的时间内过渡到熔池中，并在表面张力的作用下与熔池的液态金属熔合以保证焊缝成形。

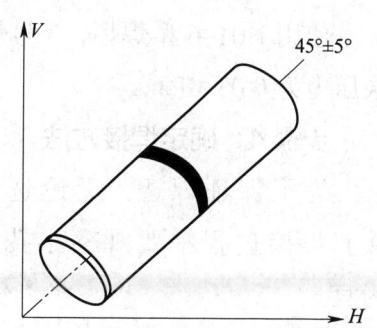

图 3-14　低合金钢管对接 45° 固定气焊接头形式示意图

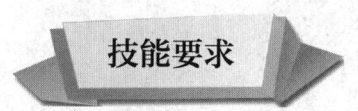

操作名称：低合金钢管对接 45° 固定气焊

操作实施步骤

步骤 1：准备辅助工具

准备好焊嘴通针、钢丝刷、錾子、手锤、细砂纸、锉刀、活动扳手、钢丝钳、点火枪、角磨机、直磨机及焊缝检验尺等。

步骤 2：准备试件及焊接材料

试件材料：Q355B 钢管。

试件尺寸及数量：ϕ60 mm × 4 mm × 150 mm，两件，开 V 形坡口。

先将待焊管子固定好，然后使用直磨机将试件待焊处及附近两侧 20～30 mm 范围内的铁锈、油污、积渣及其他有害物质去除干净，露出金属光泽。使用锉刀或者角磨机修整坡口钝边，使钝边尺寸在 0.5～1.0 mm，试件、坡口、根部间隙及钝边等尺寸如图 3-15 所示。

焊接材料：H08MnA 焊丝，直径为 2.0 mm。使用细砂纸打磨焊丝表面，去除油污。

步骤 3：确定焊接参数

使用 H01-6 型焊炬，3 号焊嘴。火焰选择中性火焰。氧气压力为 0.3 MPa，乙炔压力为 0.03 MPa。

步骤 4：确定焊接方法

为了保证焊透，无论选用左焊法还是右焊法都应采用穿孔焊法进行焊接。焊接过程中要观察小孔直径，直径以坡口边缘出现 1.5～2 mm 熔化缺口为宜。

步骤 5：试件组对及进行定位焊接

管子外径为 60 mm 时，应间隔 120° 进行 3 处定位焊接，定位焊缝位置为"时钟的 4 点、8 点和 0 点"，试件定位焊的空间位置如图 3-16 所示。定位焊长度为 5～10 mm，定位焊时要遵循焊接设备操作规程。

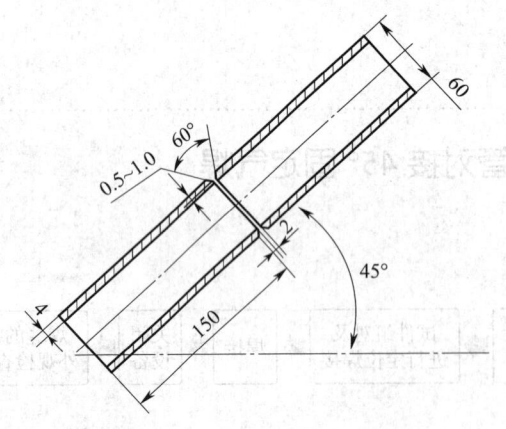

图 3-15 试件坡口形式及尺寸

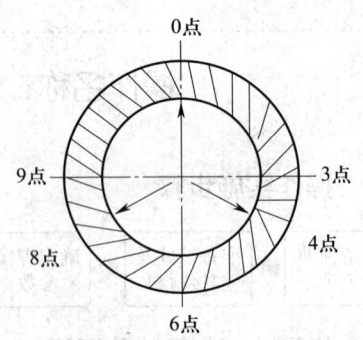

图 3-16 管子定位焊位置

检查管径圆周的错边量，应均不大于 0.5 mm，如超标应磨掉重新进行定位焊接。如错边量满足要求，应将定位焊缝的两端使用角磨机加工成陡坡状，如图 3-17 所示。

试件组对同低合金钢管对接 45° 固定气焊接头的组对。

步骤6：焊接

1. 打底层焊接

右手持焊炬，左手拿焊丝，从6点预热至5点半处，焊炬与工件夹角不小于90°，火焰指向未焊部位，焊丝与焊炬的夹角保证能从焊丝与焊炬中间清楚观察熔池，焊丝可弯成一定角度。火焰必须深入坡口，保证根部温度与形成火焰保护。

待形成第一个熔孔后，焊炬采用画圈的运动方式前行，保证坡口边缘熔合良好，始终保持焊炬与工件夹角大于90°。前半圈焊接沿5点半→6点→9点→12点半处结束；后半圈左手持焊炬，右手持焊丝，从6点半处加热已焊部位使之重新熔化，不填充焊丝至接头处，形成熔孔后开始填充焊丝。后半圈操作要求与前半圈相同，至11点半处收尾，火焰应缓慢离开熔池，以免出现气孔等缺欠。特别注意在最低点和最高点起焊部位与收尾部位焊接接头的搭接，焊缝的终端应与始端重叠10mm左右，重叠位置要求如图3-18所示。

图3-17 修整后的定位焊缝

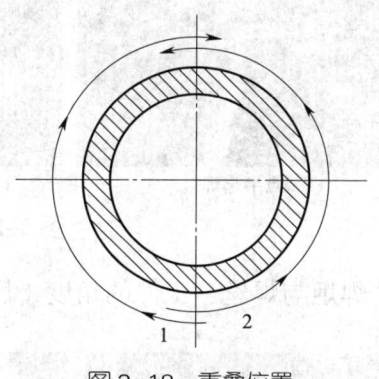

图3-18 重叠位置
1—前半圈 2—后半圈

打底焊的关键是保证焊透，不能出现过热或过烧的现象。

2. 其余各层焊接

其余各层焊炬角度与打底焊相同。焊接时，为保证焊缝外观成形美观，火焰能率应稍小些；为防止熔池金属下淌，焊炬应做斜向锯齿形摆动，使熔池尽可能处于水平状态。在焊接过程中焊丝始终处于熔池的上半部分，焊丝在前行过程中与焊炬不是同步摆动而是交叉摆动，即焊丝处于上边缘时焊炬指向下边缘，当焊丝移动至焊缝中心位置时，焊炬运动至上边缘。利用火焰和焊丝的移动将下部的熔化金属带至上部，使其与坡口上边缘熔合良好，既能避免产生咬边现象，又可避免熔池金属下淌，保证焊缝上半部分填满。焊缝的终端应与始端重叠 10 mm 左右。焊炬移动方式如图 3-19 所示。

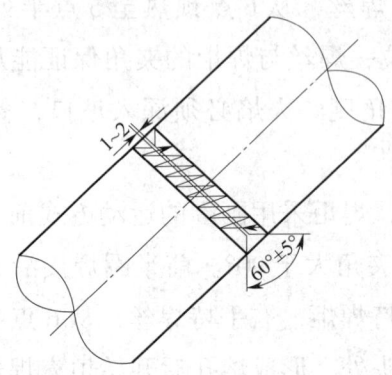

图 3-19 前半圈焊炬运动示意图

焊炬与焊丝、工件的角度（前半圈特殊位置角度），如图 3-20 所示。

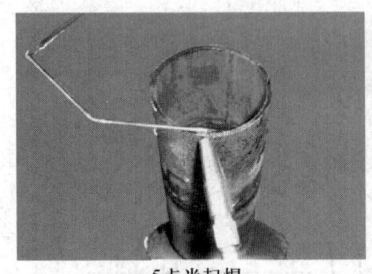
5点半起焊

9点

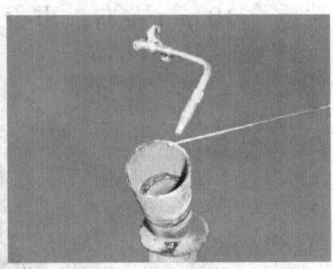
12点半收尾

图 3-20 前半圈特殊位置角度

焊炬与焊丝、工件的角度（后半圈特殊位置角度），如图 3-21 所示。

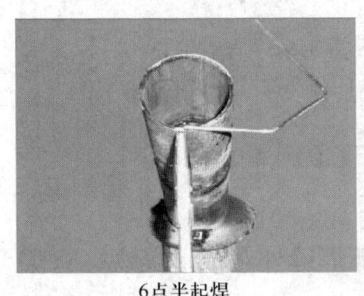
6点半起焊

3点

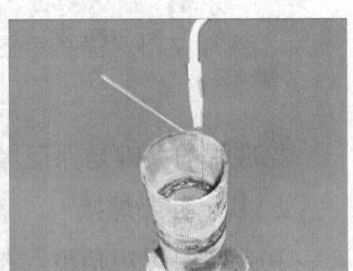
11点半收尾

图 3-21 后半圈特殊位置角度

焊炬与焊丝、工件的角度（前半圈侧面图），如图 3-22 所示。

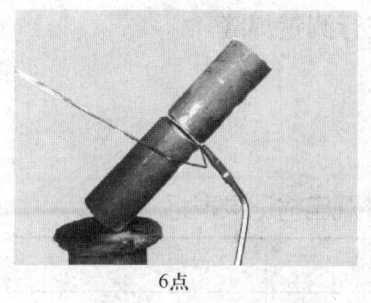
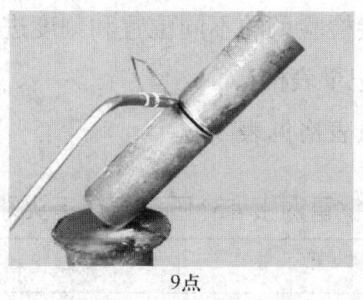
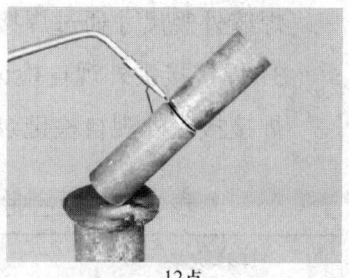

6点　　　　　　　　　　　9点　　　　　　　　　　12点

图 3-22　前半圈侧面图

步骤 7：焊缝的外观检查

1. 气焊接头外观尺寸要求

焊缝表面不得有裂纹、未熔合、气孔、焊瘤和未焊透等缺欠。

外形尺寸是气焊质量最基本的要求，主要包括下面几个方面。

（1）气焊焊缝的外形应该均匀、美观且纹路清晰。焊道与基体金属之间应平滑过渡，没有高低不平的现象。

（2）咬边的深度不能超过 0.5 mm，焊缝两侧咬边总长度不得超过焊缝长度的 10%。

（3）气焊焊缝最大宽度 C_{max} 和最小宽度 C_{min} 的差值，在任意 50 mm 的焊缝长度范围内不得大于 4 mm，整个焊缝长度范围内不得大于 5 mm。

（4）气焊焊缝边缘直线度 f，在任意 300 mm 连续焊缝长度内小于或等于 3 mm。

（5）气焊焊缝表面凹凸量，在焊缝任意 25 mm 长度范围内，焊缝余高的差值（$h_{max}-h_{min}$）不得大于 2 mm。

（6）角变形量不应超过 3°。

（7）管子外径 $d \geqslant 76$ mm 的管材对接焊缝试件背面焊缝的余高应不大于 3 mm。

（8）管子外径 $d<76$ mm 的管材对接焊缝试件应进行通球检查，当外径 $d \geqslant 32$ mm 时，通球直径为管内径的 85%；当外径 $d<32$ mm 时，通球直径为内径的 75%。

（9）错边量不得大于 10%T 与 2 mm 两者之间的较小值。

2. 焊缝的外观检查方法

直接目视检测：当能够充分靠近，可采用直接的目视检验，并可借助于放大镜之类来的工具帮助检验。

间接目视检测：在有些情况下，可能需要用远距离的目视检验来代替直接检验。远距离的目视检验还可以辅以各种反光镜、望远镜、内窥镜、光导纤维、照相机或其他合适的仪器。这些系统的分辨率至少应和直接目视检验相当。

焊缝外观尺寸通过焊接检验尺的不同位置和刻度进行测量焊缝。

3. 焊接接头外观自检记录表格

焊接接头外观自检记录表格见表3-5。

表3-5 低合金钢管对接45°固定气焊接头外观自检记录表格

焊接方法		机械化程度	
试件材质		焊接材料	
试件规格		施焊人	
施焊日期		鉴定项目	
试件外观检查			
表面气孔	表面裂纹	未焊透	未熔合	烧穿和下塌	焊瘤	错边
角变形	焊缝外形	过热	凹坑/通球检查	弧坑	直线度	凹凸量